普通高等院校材料工程类规划教材

建筑工程检测技术

主　编　赵北龙

副主编　王　宙　宋延超
　　　　赵　力

参　编　安晓燕　李小娟
　　　　赵金柱　刘鸿雁

主　审　石常军

中国建材工业出版社

图书在版编目(CIP)数据

建筑工程检测技术 / 赵北龙主编 . —北京:中国建材工业出版社,2014.7(2023.2重印)

普通高等院校材料工程类规划教材

ISBN 978-7-5160-0754-9

Ⅰ. ①建… Ⅱ. ①赵… Ⅲ. ①建筑工程-质量检验-高等学校-教材 Ⅳ. ①TU712

中国版本图书馆 CIP 数据核字(2014)第 031983 号

内容简介

本书结合现行的标准及规范规程,详细地介绍了各种建筑结构检测的主要测试原理、依据标准、检测仪器设备、检测环境条件、取样方法、检测试验步骤、数据处理、结果评定等内容。

本书分为 9 部分,主要内容包括:基本规定、地基基础及质量检测、现场混凝土强度检测、混凝土构件结构性能检验、砌体结构工程现场检测、构件钢筋间距和保护层厚度检测技术、后置埋件的力学性能检测技术、钢结构的无损检测和建筑工程节能检测。

本书适合作为普通高等院校土建类、材料工程类等相关专业教材,也可作为相关专业岗位培训用书或参考书。

建筑工程检测技术

主　编　赵北龙

副主编　王　宙　宋延超　赵　力

主　审　石常军

出版发行:中国建材工业出版社

地　　址:北京市海淀区三里河路 11 号

邮　　编:100831

经　　销:全国各地新华书店

印　　刷:北京雁林吉兆印刷有限公司

开　　本:787mm×1092mm　1/16

印　　张:9.5

字　　数:236 千字

版　　次:2014 年 7 月第 1 版

印　　次:2023 年 2 月第 7 次

定　　价:**32.80 元**

本社网址:www. jccbs. com. cn　微信公众号:zgjcgycbs

本书如出现印装质量问题,由我社市场营销部负责调换。联系电话:(010) 57811387

前　言

　　本书从培养应用型、技能型人才的角度出发，结合目前本学科建设需要，以及建筑装饰材料及检测、建筑材料检测技术专业课程不断调整，课程理论学时不断压缩的客观现状，本着"少而精"的原则，精选针对于"建筑工程质量检测"的相关知识，使其内容丰富而有针对性，力求概念清晰，深入浅出，通俗易懂，便于自学。突出实用性，注重检测的实地实况及实际应用；最大限度地反映最新的检测仪器设备以及检测与评定的方法和手段。

　　本教材需48～56学时，教师可依据实际课时及教学需要做适当调整。

　　本书分为9部分，主要内容包括：基本规定、地基基础及质量检测、现场混凝土强度检测、混凝土构件结构性能检验、砌体结构工程现场检测、构件钢筋间距和保护层厚度检测技术、后置埋件的力学性能检测技术、钢结构的无损检测和建筑工程节能检测。

　　每章根据检测的主要对象，较为详细地介绍了各种建筑结构检测的主要测试原理、依据标准、检测仪器设备、环境条件、取样方法、检测试验步骤、数据处理、结果评定等内容。在使用本教材时，应结合现行的标准及规范规程，并及时关注标准的更新，以修订后的标准为准。

　　本书由河北建材职业技术学院赵北龙担任主编，王宙、宋延超和赵力担任副主编，其他参编人员还有安晓燕、李小娟、赵金柱和刘鸿雁，全书由石常军主审。在此对各位的大力支持表示感谢。

　　限于作者水平，疏漏之处在所难免，敬请同行及广大读者提出宝贵意见和批评指正，以便进一步改进。

编　者
2014年5月

目　　录

基本规定

　　建设工程质量检测是建设工程检测机构依据国家有关法律、法规、技术标准等规范性文件的要求,采用科学手段确定建设工程的建筑材料、构配件、设备器具,分部、分项工程实体及其施工过程、竣工及在用工程实体等的质量、安全或其他特性的全部活动。工程质量检测的主要内容包括:建筑材料检测、地基及基础检测、主体结构检测、室内环境检测、建筑节能检测、钢结构检测、建筑幕墙和门窗检测、通风与空调检测、建筑电梯运行试验检测、建筑智能系统检测等。

　　从事建设工程质量检测的机构,应按规定取得住房和城乡建设主管部门颁发的资质证书及规定的检测范围,具有独立法人资格,具备相应的检测技术和管理工作人员、检测设备、环境设施,建立相关的质量管理体系及管理制度,对于日常检测资料管理应包括(但不限于)检测原始记录、台账、检测报告、检测不合格数据台账等内容,并定期进行汇总分析,改进有关管理方法等。检测机构的质量管理体系,应符合《检测机构资质认定评审准则》的要求及本单位的具体情况,要覆盖本单位的全部部门及所有的管理和检测活动。

　　检测机构应对出具的检测数据和结论的真实性、规范性和准确性负法律责任。

第1节　检测人员

　　检测机构应根据其检测机构类别、技术能力标准、检测项目及业务量,配备相应数量的管理人员和检测技术人员。对所有从事抽样、检测、签发检测报告以及操作设备等工作的人员,应按要求根据相应的教育、培训、经验和/或可证明的技能,进行资格确认并持证上岗。从事特殊产品的检测活动的检测机构,其专业技术人员和管理人员还应符合相关法律、行政法规的规定要求。

　　检测机构的负责人应遵守国家有关检测管理法规和技术规范,负责全面工作,建立相应的管理制度,并督促落实。做到按检测工作类别、技术能力标准规范开展检测工作,保证检测工作质量,检测机构技术主管、授权签字人应具有工程师以上(含工程师)技术职称,熟悉业务,经考核合格。

　　检测机构人员应更新知识,掌握最新检测技术,跟踪最新技术标准。检测机构要制订检测人员年度继续教育计划,检测人员每年参加脱产继续教育的学时应符合国家和地方的有关要求。检测机构应建立检测人员业务档案,其内容应包括:人员的学历、资格、经历、培训、继续教育、业绩、奖惩、信誉等信息。

　　检测人员不得同时受聘于两个及两个以上检测机构从事检测活动,并对检测数据有保密责任。

第2节　检测设备

检测机构应正确配备进行检测（包括抽样、样品制备、数据处理与分析）所需的抽样、测量和检测设备（包括软件）及标准物质，并对所有仪器设备进行正常维护。设备应由经过授权的人员操作。设备使用和维护的有关技术资料应便于有关人员取用。

检测机构应制定设备检定/校准的计划。在使用对检测、校准的准确性产生影响的测量、检测设备之前，应按照国家相关技术规范或者标准进行检定/校准，以保证结果的准确性。

检测机构应制订检测设备的维护保养、日常检查制度和计量器具期间核查计划，确保检测设备符合使用要求，并做好相应记录。计量器具期间核查工作计划应包括期间核查对象、期间核查时间间隔、方法和结果判断等内容。

当检测设备出现下列情况之一时应进行校准或检测：

① 可能对检测结果有影响的改装、移动和维修后；

② 停用后再次投入使用前；

③ 检测设备出现不正常工作情况；

④ 对于下列计量器具应定期按相应方法进行期间核查：

a. 修复后的计量器具；

b. 使用频繁的或经常携带运输到现场检测的计量器具；

c. 在恶劣环境下使用的计量器具。

检测机构应保存对检测和/或校准器具有重要影响的设备及其软件的档案。该档案至少应包括以下9个方面的内容：

① 设备及其软件的名称；

② 制造商名称、型式标识、系列号或其他唯一性标识；

③ 对设备符合规范的核查记录（如果适用）；

④ 当前的位置（如果适用）；

⑤ 制造商的说明书（如果有），或指明其地点；

⑥ 所有检定/校准报告或证书；

⑦ 设备接收/启用日期和验收记录；

⑧ 设备使用和维护记录（适当时）；

⑨ 设备的任何损坏、故障、改装或修理记录。

第3节　设施及环境条件

检测机构的检测设施以及环境条件应满足相关法律法规、技术规范或标准的要求。如果检测的设施和环境条件对结果的质量有影响时，检测机构应监测、控制和记录环境条件。在非固定场所进行检测时应特别注意环境条件的影响。环境条件记录应包括环境参数测量值、记录次数、记录时间、监控仪器编号、记录人签名等。

为保证检测工作的正常进行及对客户信息的保密要求，应对检测工作区域严格管理。

在一般情况下,与检测工作无关的人员和物品不得进入入工作区。

检测机构应建立并保持安全作业的管理制度,确保化学危险品、毒品、有害生物、电离辐射、高温、高电压、撞击以及水、气、火、电等危及安全的因素和环境得以有效控制,并有相应的应急处理措施。

检测工作场所的能源、电力供应、室内空气质量、温度、湿度、通风、光照、光线、清洁度应满足所开展检测工作的需要,应保证工作场所的卫生、噪声、磁场、震动、灰尘等环境条件不得对检测结果造成影响。

检测机构应建立并保持环境保护的管理制度,具备相应的设施设备,确保检测工作过程中产生的废弃物、废水、废气、噪声、震动、灰尘及有毒物质等的处置,应符合环境保护和人身健康、安全等方面的有关规定,并应有相应的应急处理措施。

第4节 检测方法

建筑结构现场检测,应根据检测类别、检测目的、检测项目、结构实际状况和现场具体条件选择适用的检测方法。检测机构应按照相关技术规范或者标准,使用适合的方法和程序实施检测活动。检测机构应优先选择国家标准、行业标准、地方标准,并应确保使用标准的现行有效版本。与检测机构工作有关的标准、手册、指导书等都应现行有效并便于工作人员使用。

应确认所选用的检测方法。当选用有相应标准的检测方法时,在正常情况下应优先采用工程质量验收规范中规定的抽样、检测方法及评价标准;对于通用的检测项目,应选用国家标准或行业标准;对于有地区特点的,宜选用地方标准。

当采用检测单位自行开发或引进的检测仪器及检测方法时,应符合下列规定:

① 该仪器或方法应通过技术鉴定;

② 该方法已与成熟的方法进行比对试验;

③ 检测单位应有相应的检测细则,并提供测试误差或测试结果的不确定度;

④ 在检测方案中应予以说明并经委托方同意。

当检测试验项目需采用非标准方法时,应在检测委托合同中说明,检测机构应编制相应的检测作业指导书,并征得委托方书面同意。作为工程质量交工资料时,还应取得当地住房和城乡建设主管部门的认可。

第5节 检测工作的基本程序与要求

对于一般的建筑工程质量的现场检测工作,其检测工作的基本程序,宜按下列的框图进行。在与委托方签订检测合同前,检测机构应根据本单位的资质情况、人员情况、设备情况进行综合分析,以确定本单位的资源配备情况能否满足客户的需求。对于存在质量争议的工程质量检测宜由当事各方共同委托。委托书中一般要明确检测的目的、具体检测项目、依据标准等内容。检测机构不得接受不符合有关法律、法规和技术标准规定的检测委托。

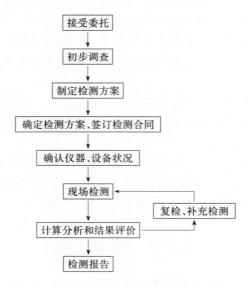

图 1　建筑结构现场检测工作程序框图

对于每项建筑工程现场检测，一般均需制定检测方案。检测方案要详细、周密，要具有良好的可操作性；对于现场检测工作，具有较强的指导性。一般的检测方案宜包括下列主要内容（但不限于）：

① 工程或结构概况，包括结构类型、设计、施工及监理单位、建造年代或检测时工程的进度情况等；

② 委托方的检测目的或检测要求；

③ 检测的依据，包括检测所依据的标准及有关的技术资料等；

④ 检测范围、检测项目和选用的检测方法；

⑤ 检测的方式、检验批的划分、抽样方案和检测数量；

⑥ 检测人员和仪器设备安排；

⑦ 检测工作进度计划；

⑧ 需要委托方配合的工作；

⑨ 检测中的安全与环保措施。

检测方案一般由检测项目负责人组织编制、检测机构技术负责人批准。必要时检测方案须经委托方的同意。

第6节　抽样及结果判定方法

1. 抽样方法

建筑工程质量检测可采取全数检测或抽样检测两种方式。如果采用抽样检测时，应随机抽取样本（实施检测的对象）。当不具备随机抽样条件时，可按约定方法抽取样本。抽样的方案原则上应经委托方的同意。

全数检测方式一般适用于下列几种情况：

① 外观缺陷或表面损伤的检查;

② 受检范围较小或构件数量较少;

③ 检验指标或参数变异性大或构件状况差异较大;

④ 灾害发生后对结构受损情况的外观识别;

⑤ 需减少结构的处理费用或处理范围;

⑥ 委托方要求进行全数检测。

如果进行批量检测,抽样方法应采取随机抽样的方法,其检验批最小样本容量应按表1确定。

表 1　检验批最小样本容量

检验批的容量	检测类别和样本最小容量			检验批的容量	检测类别和样本最小容量		
	A	B	C		A	B	C
2～8	2	2	3	151～280	13	32	50
9～15	2	3	5	281～500	20	50	80
16～25	3	5	8	501～1200	32	80	125
26～50	5	8	13	1201～3200	50	125	200
51～90	5	13	20	3201～10000	80	200	315
91～150	8	20	32	—	—	—	—

注1:检测类别A适用于施工质量的一般检测,检测类别B适用于结构质量或性能的一般检测,检测类别C适用于结构质量或性能的严格检测或复检。

注2:无特别说明时,样本单位为构件。

2. 结果判定

检测结果的判定,对于计数抽样检验批的合格判定,应符合下列规定:当检测的对象为主控项目时按表2判定;检测的对象为一般项目时按表3判定。特殊情况下,也可由检测方与委托方共同确定判定方案。

表 2　主控项目的判定

样本容量	合格判定数	不合格判定数	样本容量	合格判定数	不合格判定数
2～5	0	1	80	7	8
8～13	1	2	125	10	11
20	2	3	200	14	15
32	3	4	315	21	22
50	5	6			

表 3　一般项目的判定

样本容量	合格判定数	不合格判定数	样本容量	合格判定数	不合格判定数
2～5	1	2	32	7	8
8	2	3	50	10	11
13	3	4	80	14	15
20	5	6	125	21	22

对于计量性抽样检测,如果其性能参数符合正态分布,可对该参数总体特征值或总体均值进行推定,推定时应提供被推定值的推定区间,计量抽样方案样本容量与推定区间限值系数可按表4确定。

表4 计量抽样标准差未知时推定区间上限值与下限值系数

样本容量 n	标准差未知时推定区间上限值与下限值系数					
	0.5 分位值		0.05 分位值			
	$k_{0.5}(0.05)$	$k_{0.5}(0.1)$	$k_{0.05,u}(0.05)$	$k_{0.05,1}(0.05)$	$k_{0.05,u}(0.1)$	$k_{0.05,1}(0.1)$
5	0.95339	0.68567	0.81778	4.20268	0.98218	3.39983
6	0.82264	0.60253	0.87477	3.70768	1.02822	3.09188
7	0.73445	0.54418	0.92037	3.39947	1.06516	2.89380
8	0.66983	0.50025	0.95803	3.18729	1.09570	2.75428
9	0.61985	0.46561	0.98987	3.03124	1.12153	2.64990
10	0.57968	0.43735	1.01730	2.91096	1.14378	2.56837
11	0.54648	0.41373	1.04127	2.81499	1.16322	2.50262
12	0.51843	0.39359	1.06247	2.73634	1.18041	2.44825
13	0.49432	0.37615	1.08141	2.67050	1.19576	2.40240
14	0.47330	0.36085	1.09848	2.61443	1.20958	2.36311
15	0.45477	0.34729	1.11397	2.56600	1.22213	2.32898
16	0.43826	0.33515	1.12812	2.52366	1.23358	2.29900
17	0.42344	0.32421	1.14112	2.48626	1.24409	2.27240
18	0.41003	0.31428	1.15311	2.45295	1.25379	2.24862
19	0.39782	0.30521	1.16423	2.42304	1.26277	2.22720
20	0.38665	0.29689	1.17458	2.39600	1.27113	2.20778
21	0.37636	0.28921	1.18425	2.37142	1.27893	2.19007
22	0.36686	0.28210	1.19330	2.34896	1.28624	2.17385
23	0.35805	0.27550	1.20181	2.32832	1.29310	2.15891
24	0.34984	0.26933	1.20982	2.30929	1.29956	2.14510
25	0.34218	0.26357	1.21739	2.29167	1.30566	2.13229
26	0.33499	0.25816	1.22455	2.27530	1.31143	2.12037
27	0.32825	0.25307	1.23135	2.26005	1.31690	2.10924
28	0.32189	0.24827	1.23780	2.24578	1.32209	2.09881
29	0.31589	0.24373	1.24395	2.23241	1.32704	2.08903
30	0.31022	0.23943	1.24981	2.21984	1.33175	2.07982
31	0.30484	0.23536	1.25540	2.20800	1.33625	2.07113
32	0.29973	0.23148	1.26075	2.19682	1.34055	2.06292
33	0.29487	0.22779	1.26588	2.18625	1.34467	2.05514
34	0.29024	0.22428	1.27079	2.17623	1.34862	2.04776
35	0.28582	0.22092	1.27551	2.16672	1.35241	2.04075
36	0.28160	0.21770	1.28004	2.15768	1.35605	2.03407
37	0.27755	0.21463	1.28441	2.14906	1.35955	2.02771
38	0.27368	0.21168	1.28861	2.14085	1.36292	2.02164
39	0.26997	0.20884	1.29266	2.13300	1.36617	2.01583
40	0.26640	0.20612	1.29657	2.12549	1.36931	2.01027
41	0.26297	0.20351	1.30035	2.11831	1.37233	2.00494
42	0.25967	0.20099	1.30399	2.11142	1.37526	1.99983
43	0.25650	0.19856	1.30752	2.10481	1.37809	1.99493
44	0.25343	0.19622	1.31094	2.09846	1.38083	1.99021
45	0.25047	0.19396	1.31425	2.09235	1.38348	1.98567
46	0.24762	0.19177	1.31746	2.08648	1.38605	1.98130
47	0.24486	0.18966	1.32058	2.08081	1.38854	1.97708
48	0.24219	0.18761	1.32360	2.07535	1.39096	1.97302
49	0.23960	0.18563	1.32653	2.07008	1.39331	1.96909
50	0.23710	0.18372	1.32939	2.06499	1.39559	1.96529

样本容量 n	标准差未知时推定区间上限值与下限值系数					
	0.5 分位值		0.05 分位值			
	$k_{0.5}(0.05)$	$k_{0.5}(0.1)$	$k_{0.05,u}(0.05)$	$k_{0.05,l}(0.05)$	$k_{0.05,u}(0.1)$	$k_{0.05,l}(0.1)$
60	0.21574	0.16732	1.35412	2.02216	1.41536	1.93327
70	0.19927	0.15466	1.37364	1.98987	1.43095	1.90903
80	0.18608	0.14449	1.38959	1.96444	1.44366	1.88988
90	0.17521	0.13610	1.40294	1.94376	1.45429	1.87428
100	0.16604	0.12902	1.41433	1.92654	1.46335	1.86125
110	0.15818	0.12294	1.42421	1.91191	1.47121	1.85017
120	0.15133	0.11764	1.43289	1.89929	1.47810	1.84059

在一般情况下,检测结果推定区间的置信度宜为 0.90,并使错判概率和漏判概率均为 0.05。特殊情况下,推定区间的置信度可为 0.85,使漏判概率为 0.10,错判概率仍为 0.05。

推定区间可按下列方法计算:

检验批标准差未知时,总体均值的推定区间应按下列公式计算:

$$\mu_u = m + k_{0.5} s \tag{1}$$

$$\mu_l = m - k_{0.5} s \tag{2}$$

式中　μ_u——均值推定区间的上限值;

　　　μ_l——均值推定区间的下限值;

　　　m——样本均值;

　　　s——样本标准差;

　　　$k_{0.5}$——推定区间限值系数,取表 4 中的 0.5 分位值栏中与相应样本容量对应的数值。

检验批标准差为未知时,计量抽样检验批具有 95% 保证率特征值的推定区间上限值和下限值可按下列公式计算。

$$x_{0.05,u} = m - k_{0.05,u} s \tag{3}$$

$$x_{0.05,l} = m - k_{0.05,l} s \tag{4}$$

式中　$x_{0.05,u}$——特征值(0.05 分位值)推定区间的上限值;

　　　$x_{0.05,l}$——特征值(0.05 分位值)推定区间的下限值;

　　$k_{0.05,u}$、$k_{0.05,l}$——推定区间上限值与下限值系数,取表 4 的 0.05 分位值栏中对应样本容量的数值。

对计量抽样检测结果推定区间上限值与下限值之差值宜进行控制。

第 7 节　原始记录和检测报告

1. 原始记录

检测机构应有适合自身具体情况并符合本单位质量管理体系的记录制度。检测机构质量记录和技术记录的编制、填写、更改、识别、收集、索引、存档、维护和清理等应当按照适当程序规范进行。每次检测的原始记录应包含足够的信息以保证其能够再现。记录应包括参与抽样、样品准备、检测和/或校准人员的识别、所有记录、证书和报告都应安全储存、妥善保管并为客户保密。检测机构对所有工作应在工作的当时予以记录,不允许事后补记或追记。

现场检测原始记录应包括的内容(但不限于):

① 委托单位、工程名称、工程部位,见证人员的单位;

② 委托合同编号;

③ 检测地点、检测部位;

④ 检测日期、检测开始及结束的时间;

⑤ 检测、复核人员和见证人员的签名;

⑥ 使用的主要检测设备名称和编号;

⑦ 检测的依据标准;

⑧ 如果检测工作,对其环境条件有要求,还应对检测的环境条件进行记录。

2. 检测报告

检测机构应按照相关技术规范或者标准要求和规定的程序,及时出具检测数据和结果,检测报告应结论准确、客观、真实,用词规范、文字简练,对于容易混淆的术语和概念应以文字解释或图例、图像说明。报告应使用法定计量单位。

一般检测报告应包括下列内容(但不限于):

① 委托单位名称;

② 建筑工程概况,包括工程名称、结构类型、规模、施工日期及现状等;

③ 设计单位、施工单位及监理单位名称;

④ 检测原因、检测目的及以往相关检测情况概述;

⑤ 检测项目、检测方法及依据的标准(包括偏离情况的描述);

⑥ 检验方式、抽样方案、抽样方法、检测数量与检测的位置;

⑦ 检测项目的主要分类检测数据和汇总结果、检测结果、检测结论;

⑧ 检测日期,报告完成日期;

⑨ 主检、审核和批准人员(授权签字人)的签名;

⑩ 检测机构的有效印章。

如果由于种种原因,需对已发出的报告进行实质性修改,应以追加文件或更换报告的形式实施,并应包括如下声明:"对报告的补充,系列号……(或其他标识)",或其他等效的文字形式。报告修改的过程和方式应满足本单位的相关要求,若必须发新报告时,应有唯一性标识,并注明所替代的原件。

项目 1　地基基础及质量检测

1.1　地基及基础的一些相关基本概念

地基——支承基础的土体或岩体。

地基处理——为提高地基承载力,改善其变形性质或渗透性质而采取的人工处理地基的方法。

复合地基——部分土体被增强或被置换形成增强体,由增强体和周围地基土共同承担荷载的地基。

地基承载力特征值——由载荷试验测定的地基土压力变形曲线线性变形段内规定的变形所对应的压力值,其最大值为比例界限值。

换填垫层法——挖去地表浅层软弱土层或不均匀土层,回填坚硬、较粗粒径的材料,并夯压密实,形成垫层的地基处理方法。

预压地基——在原状土上加载,使土中水排出,以实现土的预先固结,减少建筑物地基后期沉降和提高地基承载力。按加载方法的不同,分为堆载预压、真空预压、降水预压三种不同方法的预压地基。

强夯法——反复将夯锤提到高处使其自由落下,给地基以冲击和振动能量,将地基土夯实的地基处理方法。

强夯置换法——将重锤提到高处使其自由落下形成夯坑,并不断夯击坑内回填的砂石、钢渣等硬粒料,使其形成密实的墩体的地基处理方法。

振冲法——在振冲器水平振动和高压水的共同作用下,使松砂土层振密,或在软弱土层中成孔,然后回填碎石等粗粒料形成桩柱,并和原地基土组成复合地基的地基处理方法。

砂石桩法——采用振动、冲击或水冲等方式在地基中成孔后,再将碎石、砂或砂石挤压入已成的孔中,形成砂石所构成的密实桩体,并和原桩周土组成复合地基的地基处理方法。

水泥粉煤灰碎石桩法——由水泥、粉煤灰、碎石、石屑或砂等混合料加水拌合形成高粘结强度桩,并由桩、桩间土和褥垫层一起组成复合地基的地基处理方法。

夯实水泥土桩法——将水泥和土按设计的比例拌合均匀,在孔内夯实至设计要求的密实度而形成的加固体,并与桩间土组成复合地基的地基处理方法。

水泥土搅拌法——以水泥作为固化剂的主剂,通过特制的深层搅拌机械,将固化剂和地基土强制搅拌,使软土硬结成具有整体性、水稳定性和一定强度的桩体的地基处理方法。

深层搅拌法——使用水泥浆作为固化剂的水泥土搅拌法,简称湿法。

粉体搅拌法——使用干水泥粉作为固化剂的水泥土搅拌法,简称干法。

注浆地基——将配置好的化学浆液或水泥浆液,通过导管注入土体孔隙中,与土体结合,发生物化反应,从而提高土体强度,减小其压缩性和渗透性。

高压喷射注浆法——用高压水泥浆通过钻杆由水平方向的喷嘴喷出,形成喷射流,以此切割土体并与土拌合形成水泥土加固体的地基处理方法。

石灰桩法——由生石灰与粉煤灰等掺合料拌和均匀,在孔内分层夯实形成竖向增强体,并与桩间土组成复合地基的地基处理方法。

灰土挤密桩法——利用横向挤压成孔设备成孔,使桩间土得以挤密。用灰土填入桩孔内分层夯实形成灰土桩,并与桩间土组成复合地基的地基处理方法。

土挤密桩法——利用横向挤压成孔设备成孔,使桩间土得以挤密。用素土填入桩孔内分层夯实形成土桩,并与桩间土组成复合地基的地基处理方法。

柱锤冲扩桩法——反复将柱状重锤提到高处使其自由落下冲击成孔,然后分层填料夯实形成扩大桩体,与桩间土组成复合地基的地基处理方法。

锚杆静压桩——利用锚杆将桩分节压入土层中的沉桩工艺。锚杆可用垂直土锚或临时锚在混凝土底板、承台中的地锚。

桩是深入土层的柱型构件。桩与桩顶的承台组成深基础,简称桩基。

桩的作用是将上部结构的荷载通过软弱地层或水传递给深部较坚硬的、压性小的土层或岩层。

基础指建筑底部与地基接触的承重构件,它的作用是把建筑上部的荷载传给地基。因此地基必须坚固、稳定而可靠。工程结构物地面以下的部分结构构件,用来将上部结构荷载传给地基,是房屋、桥梁、码头及其他构筑物的重要组成部分。

1.2 基础分类

按使用的材料分为:灰土基础、砖基础、毛石基础、混凝土基础、钢筋混凝土基础。

按埋置深度可分为:浅基础、深基础。埋置深度不超过 5m 者称为浅基础,大于 5m 者称为深基础。

按受力性能可分为:刚性基础和柔性基础。

按构造形式可分为条形基础、刚性基础、柔性基础、独立基础、满堂基础和桩基础。满堂基础又分为筏形基础和箱形基础。

(1)条形基础

当建筑物采用砖墙承重时,墙下基础常连续设置,形成通长的条形基础。

(2)刚性基础

刚性基础是指抗压强度较高,而抗弯和抗拉强度较低的材料建造的基础。所用材料有混凝土、砖、毛石、灰土、三合土等,一般可用于六层及其以下的民用建筑和墙承重的轻型厂房。

(3)柔性基础

用抗拉和抗弯强度都很高的材料建造的基础称为柔性基础。一般用钢筋混凝土制作。这种基础适用于上部结构荷载比较大、地基比较柔软、用刚性基础不能满足要求的情况。

(4)独立基础

当建筑物上部为框架结构或单独柱子时,常采用独立基础;若柱子为预制时,则采用杯形基础形式。

（5）满堂基础

当上部结构传下的荷载很大、地基承载力很低、独立基础不能满足地基要求时，常将这个建筑物的下部做成整块钢筋混凝土基础，成为满堂基础。按构造又分为筏形基础和箱形基础两种。

① 筏形基础：筏形基础形象于水中漂流的木筏。井格式基础下又用钢筋混凝土板连成一片，大大地增加了建筑物基础与地基的接触面积，换句话说，单位面积地基土层承受的荷裁减少了，适合于软弱地基和上部荷载比较大的建筑物。

② 箱形基础：当筏形基础埋深较大，并设有地下室时，为了增加基础的刚度，将地下室的底板、顶板和墙浇制成整体箱形基础。箱形的内部空间构成地下室，具有较大的强度和刚度，多用于高层建筑。

（6）桩基础

当建造比较大的工业与民用建筑时，若地基的软弱土层较厚，采用浅埋基础不能满足地基强度和变形要求，常采用桩基。桩基的作用是将荷载通过桩传给埋藏较深的坚硬土层，或通过桩周围的摩擦力传给地基。按照施工方法可分为钢筋混凝土预制桩和灌注桩。

桩基工程是隐蔽工程，施工难度大、技术要求高，许多情况还是水下灌注混凝土，容易出现质量问题。现就不同类型的桩作一简要叙述。

基桩：桩基础中的单桩。

桩基：由设置于岩土中的桩和与桩顶连接的承台共同组成的基础或由柱与桩连接的单桩基础。桩基通过作用于桩尖（或称桩端）的地层阻力和桩周土层的摩擦力支承轴向荷载、依靠桩侧土层的侧向阻力支承水平荷载。

1.3　桩基发展简史

桩的发展简史从桩的材料和成桩工艺介绍。

木桩：汉朝已经用木桩修桥，到了宋朝桩基技术已经比较成熟，上海市的龙华塔是现存的北宋年代修建的桩基建筑物。

钢桩：19 世纪 20 年代开始使用铸铁板桩修筑围堰和码头；20 世纪初美国出现了各种形状的型钢，在美国密西西比河上的钢桥大量采用钢桩基础；到 20 世纪 30 年代欧洲也广泛采用。二次大战后，无缝钢管也作为桩材用于基础工程。上海宝钢工程中，使用直径 90cm 的长达 60m 的钢管桩基础。

混凝土桩：20 世纪初随着钢筋混凝土预制构件的问世，开始出现预制钢筋混凝土桩。我国 20 世纪 50 年代开始生产预制钢筋混凝土桩，多为方桩。1949 年美国最早用离心机生产中空预应力钢筋混凝土管桩。我国铁路系统 20 世纪 50 年代末也生产了预应力钢筋混凝土桩。

灌注桩：20 世纪 20～30 年代发明了沉管灌注桩，上海 20 世纪 30 年代修建的一些高层建筑基础就曾采用沉管灌注桩。在 20 世纪 60 年代我国铁路和公路桥梁开始采用钻孔灌注混凝土桩和挖孔灌注桩。

目前，桩基的成桩工艺还在不断的发展中。

1.4　桩的分类

1.按成桩方式对土层的影响分类

（1）挤土桩（又称排土桩）

原始土层结构遭到破坏，主要有打入或压入的预制桩，封底的钢管桩沉管式就地灌注桩等。

（2）部分挤土桩（又称微挤土桩）

成桩过程中，桩周围的土层受到轻微的扰动，土的原始结构和工程性质的变化不明显，主要有打入小截面的Ⅰ型、Ｈ型钢桩、钢板桩、开口式钢管桩。

（3）非挤土桩（又称非排土桩）

成桩过程中将与桩体积相同的土排出，桩周围的土较少受到扰动。但有应力松弛现象。主要有各种形式的挖孔、钻孔桩等。

2.按桩材分类

（1）木桩

单根木桩的长度大约为十余米，不利于接长。

（2）混凝土桩

① 预制混凝土桩，多为钢筋混凝土桩。工厂或工地现场预制，断面一般为 400mm×400mm 或 500mm×500mm，单节长十余米。

② 预制钢筋混凝土桩，多为圆形管桩，外径 400～500mm 两种，标准节长为 8m 或 10m，法兰盘接头。

③ 就地灌注混凝土桩，可根据不同深度的钢筋笼进行灌注，其直径根据设计需要确定。

（3）钢桩（型钢和钢管两大类）

型钢有各种形式的板桩，主要用于临时支挡结构或码头工程。Ｈ型及Ⅰ型钢桩则用于支承桩。钢管桩由各种直径和壁厚的无缝钢管制成。

（4）组合桩

组合桩指一种桩用两种材料组成。如较早用的水下桩基，泥面以下用木桩而水中部分用混凝土桩，现在较少采用。

3.按桩的功能分类

（1）抗轴向压桩

在工业民用建筑物的桩主要承受上部结构传来的垂直荷载。

① 摩擦桩：桩尖部分承受的荷载较小，一般不超过 10%。如打在饱和软土地基和松软地基中的桩。

② 端承桩：通过软弱土层桩尖嵌入岩基的桩，承载力主要有桩的端部提供，一般不考虑桩的侧摩阻力的作用。

③ 端承摩擦桩:桩的端阻力和侧摩阻力同时发挥作用,最常用的桩。如穿过软弱土层嵌入坚实硬黏土或砂、砾持力层的桩。这类桩的端阻和侧阻所分担荷载的比例与桩径、桩长、软弱土层的厚度以及持力层的刚度有关。

(2)抗侧压的桩

港口码头的板桩、基坑支护桩等都是主要承受作用在桩上的水平荷载,桩身要承受弯矩,其整体稳定则靠桩侧土的被动土压力、或水平支承和拉锚平衡。

(3)抗拔桩

主要抵抗作用在桩上的拉拔荷载,拉拔荷载依靠桩侧摩阻力承受。

4. 按成桩方法分类

(1)打入桩

将预制桩用击打振动的方式打入地层至设计要求的标高。打入的机械有:自由落锤、蒸汽锤、压缩空气锤、振动锤等。

(2)就地灌注桩

① 沉管灌注桩:将钢管(钢壳)打入地层到设计标高,然后灌注混凝土,灌注混凝土过程中可逐渐将钢管拔出,或将钢管留在土中。

② 钻孔灌注桩:使用机械形成桩孔,钻孔机械有冲击钻、旋转钻、长螺旋和短螺旋等,适用于不同的土层。在地下水位以上做灌注桩时,也可以使用人工挖掘法。

为提高灌注桩的承载力,可将桩身逐步局部扩大,形成扩底桩。

(3)静压桩

利用无噪声的机械将预制桩压入到设计标高。

(4)螺旋桩

在木桩或混凝土桩的底部接一段螺旋的钻头,藉旋转机械将桩拧入土层至设计标高,现已少用。

目前桩型正在发展中,如近年出现的压力灌浆微型桩,利用压浆提高桩的承载力等。

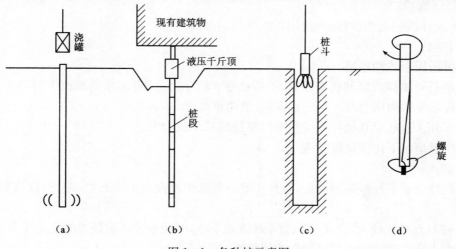

图1-1 各种桩示意图
(a)打入桩;(b)压力桩;(c)灌注桩;(d)螺旋桩

13

5. 桩型和成桩方式的选择

（1）预制桩的类型、特点和适用条件

① 预制桩的优点：

a. 桩的单位面积承载力高，打入土层时使松软土层挤密，从而使承载力提高。

b. 桩身质量较易保证和检查。

c. 易于在水上施工。

d. 桩身混凝土的密度大，抗腐蚀性强。

e. 施工工效高，施工工序简单。

② 预制桩的缺点：

a. 单价较灌注桩高，预制桩需要配较多的钢筋以抵抗搬运、起吊和捶击时的应力。

b. 施工噪声大，污染环境，不宜在城市中使用。

c. 预制桩是挤土桩，群桩施工时将引起周围地面的隆起，对周围有影响。

d. 受到起吊设备能力的限制，单节预制桩的长度不能过长，一般为十余米，长桩时需接桩。桩的接头常形成桩身的薄弱环节。接桩后如不能保证全桩长的垂直度，则将降低桩的承载能力，甚至在打桩时造成断桩。在瑞典，打入预制桩的长度已超过 100m，关键在于制造的施工工艺质量。

e. 不易穿透较厚的坚硬土层。

f. 打入后桩长超过要求时，截桩较困难。

③ 适用条件：

a. 不需考虑噪声污染和振动影响的环境。

b. 持力层上覆盖的为松软土层，没有坚硬的夹层。

c. 持力层顶面起伏变化不大，桩长易于控制，减少截桩。

d. 水下桩基工程。

e. 大面积打桩工程，打入桩的工序和设备简单，工效高。在桩数量多的情况下可取得较高的经济效益。

（2）灌注桩的类型、特点和适用条件

① 优点：

a. 可适用于各种地层。

b. 桩长可随持力层起伏而改变，不需截桩、没有接头。80 多米的桩也采用了。

c. 仅承受轴向压力时不用配置钢筋，节约钢材。

d. 采用大直径钻孔或挖孔灌注桩时单桩的总承载力大。

e. 一般情况下比预制桩经济。

② 缺点：

a. 桩的质量不易控制和保证，容易在灌注混凝土过程中出现断桩、缩颈、露筋和泥夹层等现象。

b. 桩身直径比较大，孔底沉积物不易清除干净，因而单桩的承载力的变化较大。

c. 大直径灌注桩做压载试验的费用昂贵。

d. 一般情况下不宜用于水下桩基。

（3）钢桩的类型特点和适用条件

① 钢板桩：板桩有接口槽，已将板桩可沿河岸或海岸组成一个整体的板桩墙，也可将一组钢板桩形成围堰，或作为基坑开挖的临时支挡措施。钢板桩成本较高，但可多次使用，仅用于水平荷载桩。

② 型钢桩：可用于承受垂直荷载或水平荷载，贯入各类地层的能力强且对地层的扰动较少。H 型和 I 型钢桩的截面积较小，不能提供较高的端承承载力。在细长比较大时易于在打入时出现弯曲现象。弯曲超过一定限度时就不能作为基础桩使用。

③ 钢管桩：贯入能力、抗弯曲的刚度、单桩承载力和节长焊接等方面都有明显的优越性。但钢管桩造价较高。日本生产的钢管桩的外径从 500mm 到 1016mm，壁厚 9～19mm。

钢管桩打入土层时，其端部可敞开或封闭，端部开口时易于打入，但端部承载力较封闭式为小，必要时钢管桩内可充填混凝土。

钢桩与混凝土桩比较，价格较高、抗腐蚀性能力差，需做表面防腐处理。

（4）桩型和成桩方式的选择

桩的类型和施工方法的选择应考虑多方面的因素，主要有：

① 建筑物本身的要求。如荷载的形式和量级、工期的要求等。

② 工程地质和水文地质条件。

③ 场地的环境。对环境的保护要求等。

④ 设备材料和运输条件，施工技术力量，施工设备和材料的供应可能性等。

⑤ 经济分析。

1.5　各种桩施工过程中常见的问题和缺陷

1. 沉管灌注桩

沉管灌注桩分为锤击沉管、振动沉管和压力沉管三种工艺。这种桩质量不够稳定，施工故障率高。其主要问题有：

锤击或振动过程的振动力向周围土体扩散，沉管周围的土体以垂直振动为主，而一定距离后的土层水平振动大于垂直振动，再加上侧向挤土作用，极易振断初凝的领桩，软硬土层交界处尤为严重。

若管距小于三倍桩径，沉管过程可能会使地表主体隆起，从而在领桩桩身产生一竖向拉力，使初凝混凝土拉裂。

拔管速度过快，管内混凝土灌注高度过低，不足以产生一定的排挤压力，在淤泥层易产生缩颈。

地层存在有承压水的砂层，砂层上又覆盖有透水性差的黏土层时，孔中灌注混凝土后，由于动水压力作用，沿桩身至桩顶出现冒水现象，冒水桩一般都会演变成断桩。

振动沉管采用活瓣桩尖时，活瓣张开不灵活，混凝土下落不畅、引起断桩或混凝土密实度差的现象时有发生。当桩尖持力层为透水性良好的砂层时，若沉管和混凝土灌注不及时，易从活瓣的合缝处渗水，稀释桩尖部分的混凝土，使得桩端阻力丧失。

预制桩尖混凝土质量不满足要求，沉管时被击碎塞入桩管内，拔管至一定高度后，桩尖下落且被孔壁卡住,桩身的下段无混凝土,产生俗称的"吊脚桩"。

钢筋笼埋设高度控制不准。

2. 冲、钻孔灌注桩

在地下水位较高的场地进行灌注桩施工时,成孔方法有冲抓式、旋挖式、冲击式、回转式和潜钻式等。成孔过程采用就地造浆或制备泥浆护壁,以防止孔壁坍塌。混凝土灌注采取带隔水栓的导管水下灌注混凝土工艺。灌注过程操作不当容易出现以下问题:

① 由于停电或其他原因,灌注混凝土没有连续进行,间断一定时间后,隔水层凝固,形成硬壳,后续混凝土无法下灌,只好拔出导管,一旦泥浆进入管内必然形成断桩。而如用增大管内混凝土压力等办法冲破隔水层,形成新的隔水层,破碎的老隔水层混凝土必将残留在桩身中,造成桩身局部混凝土低劣。

② 水下灌注混凝土的桩径不小于 600mm。桩径过小,由于导管和钢筋笼占据一定空间,加上孔壁摩擦作用,混凝土上升不畅,容易堵管,形成断桩或钢筋笼上浮。

③ 泥浆护壁成孔,对不同土层、应配制不同密度的泥浆,否则孔壁容易坍塌。

④ 正循环法清孔时,应根据孔的深浅,控制洗孔时间和孔口泥浆密度。清孔时间过短,孔底沉渣太厚,将影响桩端承载力发挥。

⑤ 混凝土和易性不好时,易产生离析现象。

⑥ 导管连接处漏水时将形成断桩。

3. 人工挖孔灌注桩

在地下水丰富的场地采用人工挖孔灌注桩容易发生以下质量问题:

地下水渗流严重的土层,易使土壁崩塌,土体失稳塌方。

土层出现流砂现象或有动水压力时,护壁底部土层会突然失去强度,泥土随水急速涌出,产生并涌,使护壁与土体脱空,或引起孔型不规则。

挖孔时如果边挖边抽水,地下水位下降时,护壁易受到下沉土层产生的负摩擦作用,使护壁受到拉力,产生环向裂缝,护壁所受的周围土压力不均匀时,又将产生弯矩和剪力作用,易引起垂直裂缝。而桩制作完毕,护壁和桩身混凝土结为一体,护壁是桩身的一部分,护壁裂缝破损或错位必将影响桩身质量和侧阻力的发挥。

孔较深时,若没有采用导管灌注混凝土,混凝土从高处自由下落易产生离析。

孔底水不易抽干或未抽干情况下灌注混凝土,桩尖混凝土将被稀释,降低桩端承载力。

4. 混凝土预制桩

混凝土预制桩多用柴油锤、蒸汽锤或自由落锤打入土中。打桩过程易发生以下质量问题:

打桩时应选用合适的锤、桩垫。垫层过软会降低锤击能量的传递,打入困难;垫层过硬,增大锤击应力、容易击碎桩头。一般最大锤击应力不容许超过混凝土抗压强度的 65%。

打桩的拉应力易引起桩身开裂。打桩拉应力的产生及大小与桩尖土的特性、桩侧土阻力分布、入土深度、锤偏心程度和垫层特性有关。若桩较长,桩尖土质较差,锤击入射压力应力波从桩尖反射为拉力波,最大拉应力大多发生在打桩初期桩身中部一定范围,

30%～70%桩长处；当桩尖土质较坚硬，入射波在桩尖的反射仍为压力波，压力波传至桩顶，此时锤已回跳离开桩顶。应力波因而就从自由桩顶反射形成拉力波，这时最大拉应力一般发生在桩的上部。当拉应力超过混凝土抗拉强度时，混凝土将开裂。

桩锤选用不合适，桩将难于打至预定设计标高或不满足贯入度要求。

桩头钢筋网片设置、配筋不符合要求或桩顶混凝土保护层过厚，桩顶不平，桩身混凝土强度等级低于设计要求等，打桩时都易击碎桩头。

桩距设计不合理，或打桩次序安排不合理，往往导致打桩时将邻近桩挤压折断。

桩在运输、起吊过程中，支点和吊点的选择、配置不合理，导致桩身断裂。

桩尖遇到硬土层、孤石或障碍物，因锤击次数过多，冲击能量过大引起桩身破裂或折断。

1.6　地基承载力检测及桩基检测

检测工作包括：施工前的检测，目的是为设计及施工方案提供校核、修改的依据；施工中的检测，目的是监督施工过程，保证施工质量，达到设计要求；施工后的检测，目的是对施工质量进行验收、评估和对质量问题的处理提供依据。

1. 检测目的及方法

根据检测的目的，可采用不同的检测方法，如表 1-1 所示。

表 1-1　检测目的及方法

检测方法	检测目的	检测时间
各类成孔检测法	孔径、垂直度、沉渣厚度	成孔后立即检测
单桩竖向抗压静载试验	确定单桩竖向抗压极限承载力； 判定竖向抗压承载力是否满足设计要求； 通过桩身内力及变形测试，测定桩侧、桩端阻力； 验证高应变法的单桩竖向抗压承载力检测结果	桩身混凝土强度达到设计要求；休止期：砂土，7d；粉土，10d；黏土，非饱和，15d，饱和，25d
单桩竖向抗拔静载试验	确定单桩竖向抗拔极限承载力； 判定竖向抗拔承载力是否满足设计要求； 通过桩身内力及变形测试，测定桩的抗拔摩阻力	
单桩水平静载试验	确定单桩水平临界和极限承载力、推定土抗力参数； 判定水平承载力是否满足设计要求； 通过桩身内力及变形测试，测定桩身弯矩和挠曲	
钻芯法	检测灌注桩桩长、桩身混凝土强度、桩底沉渣厚度； 判定或鉴别桩底岩土性状，判断桩身完整性类别	28d 以上
低应变法	检测桩身缺陷及其位置，判定桩身完整性类别；受桩长桩径限制，多用于中小桩	混凝土强度达到设计强度的70%，约14d左右
高应变法	判定单桩竖向抗压承载力是否满足设计要求； 检测桩身缺陷及其位置，判断桩身完整性类别； 分析桩侧和桩端上阻力	同静载试验
静动法	确定桩竖向抗压极限承载力	同静载试验

检测方法	检 测 目 的	检 测 时 间
声波透射法	检测灌注桩桩身混凝土的均匀性、桩身缺陷及其位置,判定桩身完整性类别;不受桩长桩径限制,多用于大中型桩	混凝土强度达到设计强度的70%,约14d左右;或达到一定的强度
动力触探法	现场检测水泥搅拌桩桩身强度; 现场检测碎石桩桩身密实性	水泥搅拌桩:7d或7d以内; 碎石桩:成桩后
取样试件试验	检测混凝土是否达到设计要求的强度等级	28d

2. 相关技术标准

《建筑基桩检测技术规范》JGJ 106—2014;

《岩土工程勘察规范(2009 年版)》GB 50021—2001;

《既有建筑地基基础加固技术规范》JGJ 123—2012;

《高层建筑岩土工程勘察规程》JGJ 72—2004;

《复合载体夯扩桩设计规程》JGJ/T 135—2007;

《建筑地基基础设计规范》GB 50007—2011;

《建筑地基基础工程施工质量验收规范》GB 50202—2002;

《建筑地基处理技术规范》JGJ 79—2012。

3. 检测要点和方法

(1)地基土荷载试验要点

确定地基土的承载力,依据为《建筑地基基础设计规范》附录 C、D 浅层、深层地基土载荷试验要点:

① 基坑宽度不应小于压板宽度或直径的 3 倍。压板面积不应小于 0.25m²;对于软土不应小于 0.5m²。应注意保持试验土层的原状结构和天然湿度。宜在拟试压表面用不超过 20mm 厚的粗、中砂层找平。

② 加荷等级不应少于 8 级。最大加载量不应少于荷载设计值的 2 倍。

③ 每级加载后,按间隔 10、10、10、15、15min,以后为每隔半小时读一次沉降;当连续两小时内,每小时的沉降量小于 0.1mm 时,则认为已趋稳定,可加下一级荷载。

④ 当出现下列情况之一时,即可终止加载:

a. 承压板周围的土明显的侧向挤出;

b. 沉降 s 急骤增大,荷载-沉降(p-s)曲线出现陡降段;

c. 在某一荷载下,24h 内沉降速率不能达到稳定标准;

d. $s/b \geqslant 0.06$(b 为承压板宽度或直径)。

满足前三种情况之一时,其对应的前一级荷载定为极限荷载。

⑤ 承载力基本值的确定:

a. 当 p-s 曲线上有明确的比例界限时,取该比例界限所对应的荷载值;

b. 当极限荷载能确定,且该值小于对应比例界限的荷载值的 1.5 倍时,取荷载极限值的一半;

c. 不能按上述两点确定时,如压板面积为 0.25~0.50m²,对低压缩性土和砂土,可取

$s/b=0.01\sim0.015$ 所对应的荷载值;对中、高压缩性土可取 $s/b=0.02$ 所对应的荷载值。但其值不应大于加载量一半。

⑥ 同一土层参加统计的试验点不应少于 3 点,基本值的极差不得超过平均值的 30%,取此平均值作为地基承载力标准值。

(2)地基土试验方法

① 平板荷载试验:适用于各类土、软质岩和风化岩体。

平板荷载试验是一项使用最早、应用最广泛的原位试验方法,该试验是在一定尺寸的刚性承压板上分级施加荷载,观测各级荷载作用下天然地基土随压力和变形的原位试验,它可用于:根据荷载—沉降关系线(曲线)确定地基力的承载力;设计土的变形模量;估算土的不排水抗剪强度及极限填土高度。

平板荷载试验适用于地表浅层地基,特别适用于各种填土、含碎石的土类。由于试验比较直观、简单,因此多年来应用广泛,但本方法的使用有以下局限性:平板荷载试验的影响深度范围不超过两倍承压板宽度(或直径),故只能了解地表浅层地基土的特性;承压板的尺寸比实际基础小,在刚性板边缘产生塑性区的开展,更易造成地基的破坏,使预估的承载力偏低。荷载平板试验是在地表进行的,没有埋置深度所存在的超载,也会降低承载力;应用时应考虑荷载试验的加载速率较实际工程快得多,对透水性较差的软黏土,其变形状况与实际有较大的差异,由此确定的参数也有很大的差异;小尺寸刚性承压板下土中的应力状态极复杂,由此推求的变形模量只能是近似的。

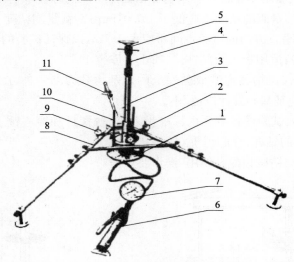

图 1-2　平板荷载仪组成示意图

1—荷载板;2—千斤顶;3—加长杆;4—调节丝杆;5—球铰座
6—手动液压泵;7—油压表;8—测桥;9—百分表;10—仪表支架;11—测桥支承座

② 螺旋板荷载试验:适用于软土、一般黏性土、粉土及砂类土。

试验方法如下:

螺旋板载荷试验是将一螺旋形的承压板用人力或机械旋入地面以下的预定深度,通过传力杆向螺旋形承压板施加压力,测定承压板的下沉量,其深度可达 $10\sim15m$,可测求地基土的压缩模量、固结系数、承载力等指标。

试验时应按如下步骤进行：

a. 在所需进行试验的位置进行钻孔,当钻至试验深度上 20～30cm 处,停止钻进,清除孔底受压或受扰动土层。

b. 将螺旋板连接在传力杆上旋入土层,螺旋板入土时,应按每转一圈下入一个螺距进行操作,减少对土的扰动。螺旋板与土层的接触面应加工光滑,可使对土体的扰动大大减少。

c. 在测试点周围将反力锚旋入周边土层,固定好反力梁,将油压千斤顶与反力装置安装好,将测读承压板位移的两个百分表安装好,确保测读准确。将测力传感器连接线与数显仪正确连接并调校正确。

d. 用油压千斤顶对载荷板分级加压,对砂土、中低压缩性的黏性土、粉土宜采用每级 50kPa,对于高压缩性土宜采用每级 25kPa。第一级荷载可视土层性质适当调整。一般情况下砂类土为 100kPa、黏性土为 50kPa、高压缩性土为 25kPa。

e. 每级加荷后,按间隔时间 10、10、10、15、15min,以后每隔半小时读一次承压板沉降量,当连续两小时,每小时沉降量小于 0.1mm 时,则达到相对稳定标准,可施加下一级载荷。

f. 满足下列条件时可终止加载:沉降 s 急骤增大,荷载-沉降(p-s)曲线上有可判定极限承载力的陡降段,且沉降量超过 0.06d(d 为承压板直径);某级荷载下 24h 沉降速率不能达到相对稳定标准;当出现本级荷载的沉降量大于前级荷载沉降量的 5 倍;当持力层坚硬,沉降量很小时,最大加载量不小于设计要求的 2 倍。

g. 试验精度:位移量测的精度不应低于±0.01mm;荷载量测精度不应低于最大荷载的±1%;同一试验孔在垂直方向的试验点间距应大于 1m,以保证试验的准确性。

③ 标准贯入试验:适用于一般黏性土、粉土及砂类土。

标准贯入试验是在现场测定砂或黏性土的地基承载力的一种方法。这一方法已被列入"工业与民用建筑地基基础设计规范"中。

a. 设备:标准贯入试验设备主要由标准贯入器、触探杆和穿心锤三部分组成。触探杆一般用直径为 42mm 的钻杆,穿心锤重 63.5kg。

b. 操作:此法多与钻探相配合使用,操作要点是:

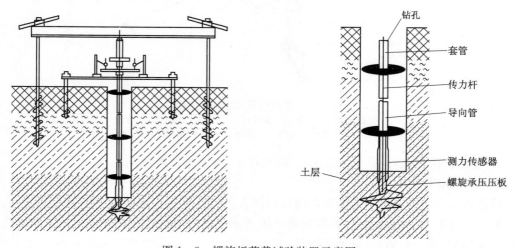

图 1-3　螺旋板荷载试验装置示意图

钻具钻至试验土层标高以上约 15cm 处,以避下层土受扰动;

贯入时,穿心锤落距为 76cm,使其自由下落,将贯入器直打入土层中 15cm。以后每打入土层 30cm 的锤击数,即为实测锤击数 $N0$;

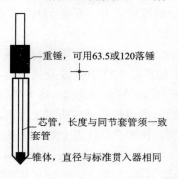

重锤,可用63.5或120落锤

芯管,长度与同节套管须一致
套管

锥体,直径与标准贯入器相同

图 1-4　标准贯入器和贯入分析仪图示

提出贯入器,取出贯入器中的土样进行鉴别描述。如此继续逐层试验。当钻杆长度大于 3m 时,锤击数应按下式进行钻杆长度修正:$N63.5 = AN$,式中 $N63.5$ 为标准贯入试验锤击数,A 为触探杆长度校正系数,如触探杆长分别为 ≤3、6、9、12、15、18、21m 时,则 A 相应分别为 1、0.92、0.86、0.81、0.77、0.73、0.70。

④ 动力触探:适用于黏性土、砂类土和碎石类土。

动力触探是在现场测定砂的天然密度用以确定地基承载力的一种方法。动力触探的设备有:穿心试验重锤,重 28kg,探头直径 6.18cm,锥角 60°,钻杆直径 3.5mm,钻杆接手与钻杆直径同大。试验时,测定重锤打击触探头的自由落距(H)为 80cm、贯入 10cm 时所需的锤击数,以 $N10$ 表示。确定击数 N 时,必须消除钻杆能量消耗的影响。

将一定质量的穿心锤,以一定的高度(落距)自由下落,将探头贯入土中,然后记录贯入一定深度所需的锤击数,并以此判断土的性质。

根据锤击能量可分为轻型、重型、超重型三种。

⑤ 静力触探:适用于软土、黏性土、粉土、砂类土及含少量碎石的土层。

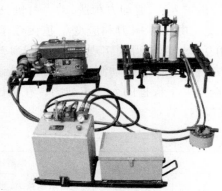

图 1-5　液压式静力触探仪

静力触探是指利用压力装置将有触探头的触探杆压入试验土层,通过量测系统测土的贯入阻力,可确定土的某些基本物理力学特性,如土的变形模量、土的容许承载力等。

静力触探加压方式有机械式、液压式和人力式三种。静力触探在现场进行试验,将静力触探所得比贯入阻力(P_s)与载荷试验、土工试验有关指标进行回归分析,可以得到适用于一定地区或一定土性的经验公式,可以通过静力触探所得的计算指标确定土的天然地基承载力。静力触探的贯入机理与建筑物地基强度和变形机理存在一定差异性,故不常使用。

⑥ 岩体直剪试验:适用于具有软弱结构面的岩体和软质岩。

⑦ 预钻式旁压试验:适用于确定黏性土、粉土、黄土、砂类土、软质岩石及风化岩石。

⑧ 十字板剪切试验:适用于测定饱和软黏性土的不排水抗剪强度及灵敏度等参数。

十字板剪切试验是一种用十字板测定软黏性土抗剪强度的原位试验。将十字板头由钻孔压入孔底软土中,以均匀的速度转动,通过一定的测量系统,测得其转动时所需之力矩,直至土体破坏,从而计算出土的抗剪强度。由十字板剪力试验测得之抗剪强度代表土的天然强度。

(3)基桩检测

桩基是建筑物、结构物的重要基础形式。它能将上部结构的竖向荷载传到深层的坚实土层或岩层上,以减少上部结构的沉降或不均匀沉降,同时,也能作为抵抗水平荷载的构件。它广泛应用于地震区、湿陷性黄土地区、软土地区、膨胀土地区以及冻土地区。因此,它是目前一种十分有效、安全的基础形式。

由于桩基造价较高,占工程总造价的 1/4 以上,因此对桩基的检测以防止工程事故,发挥其经济效益有着重要的意义。

对于工程桩的检测主要包括对单桩承载力和桩身完整性进行抽样检测。

基桩检测开始时间应符合:当采用低应变法或声波透射法检测时,受检混凝土强度不应低于设计强度的 70%,且不应小于 15MPa;采用钻芯法时,受检桩混凝土龄期应达到 28d 或受检混凝土桩同条件养护试件强度应达到设计强度要求。

单桩承载力的检测方法主要有静载检测法和动载检测法。

静载检测法包括竖向抗压、竖向抗拉和水平静载检测。静载检测法的准确度高,但费时、费力,成本较高。对承载力可达数千吨的大直径(3.5~5m)灌注桩,就很难用静载检测法确定其实际承载力。

动载检测法按施加动荷载的大小,可分为高应变动测法和低应变动测法两类。高应变动载检测法如动力参数法、锤击贯入法、波动方程法、动力打桩公式法等。高应变动测法用重锤激振,使桩产生大贯入度。由于作用力和应变量越接近于桩的实际受力状态(贯入度≥1.5mm),桩土体系的相互作用越能得到实现,所以,用高应变动测法既可检测桩的极限承载力,又可检测桩身的完整性。低应变动测法如机械阻抗法、水电效应法等主要用于检测桩的完整性检测,间接地推算工程桩的允许承载力。在测试过程中,要求土的应力一应变关系保持在线性变形阶段内。

表 1-2　检测方法一览表

检测方法	检测目的
单桩竖向抗压静载试验	确定单桩竖向抗压极限承载力;当进行桩身内力及变形测试时,测定桩侧、桩端极限阻力;判定或验证竖向抗压承载力是否满足设计要求
单桩竖向抗拔静载试验	确定单桩竖向抗拔极限承载力;当进行桩身内力及变形测试时,测定桩的抗拔摩阻力和桩底上拔量;判定竖向抗拔承载力是否满足设计要求

检测方法	检测目的
单桩水平静载试验	确定单桩水平临界和极限承载力,推定土抗力参数;当进行桩身内力及变形测试时,测定桩身弯矩和挠曲;判定水平承载力是否满足设计要求
钻芯法	检测灌注桩桩长、桩身混凝土强度、桩底沉渣厚度;判定或鉴别桩底岩土性状;判定或验证桩身完整性类别
低应变法	检测桩身缺陷程度及位置,判定桩身完整性类别
高应变法	判定单桩竖向抗压承载力是否满足设计要求;分析桩侧和桩端土阻力;检测桩身缺陷程度及位置;判定桩身完整性类别
声波透射法	检测灌注桩桩身混凝土的均匀性、桩身缺陷程度及位置;判定桩身完整性类别

① 检测方案与抽检数量。

a. 当满足下列条件之一时,施工前应进行单桩竖向抗压承载力静载检测。检测数量在同一条件下不应少于 3 根,且不宜少于总桩数的 1%;当工程桩总数在 50 根以内时,应不少于 2 根。

设计等级为甲级的建筑桩基;

地质条件复杂、施工质量可靠性低的建筑桩基;

本地区采用的新桩型或新工艺。

无相关试桩资料可参考的设计等级为乙级的桩基。

b. 有下列条件要求之一时的打入式预制桩,应采用高应变法进行试打桩的打桩过程监测;在相同施工工艺和相近地质条件下,试打桩数量不应少于 3 根。

控制打桩过程中的桩身应力;

选择沉桩设备和确定工艺参数;

选择合理的桩型和桩端持力层。

c. 施工后,宜先进行桩身完整性抽样检测。

单桩承载力和桩身完整性验收抽样检测的受检桩选择应符合下列规定:

施工质量有疑问的桩;

设计方认为重要的桩;

施工工艺不同或不同施工单位施工的桩;

承载力验收检测时适量选择完整性检测中发现的Ⅲ类桩;同类型桩宜随机分布。

桩身完整性检测方法应按各自规定的适用范围和表 1-1 或 1-5 规定的检测内容确定。抽检数量应符合下列规定:

每根柱下承台抽检桩数不得少于 1 根;

设计等级为甲级,或地质条件复杂、成桩质量可靠性较低的灌注桩,抽检数量应不少于总桩数的 30%,且不得少于 20 根;其他桩基工程的灌注桩,抽检数量不应少于总桩数的 20%,且不得少于 10 根;

对于大直径灌注桩,在上述规定的抽检桩数范围内,选用钻心法或声波投射法对部分受检桩进行完整性检测。抽检数量不应少于总桩数的 10%;

地下水位以上且终孔后桩端持力层已通过核验的干作业灌注桩，以及混凝土预制桩，抽检数量可适当减少，但不应少于总桩数的 10%且不得少于 10 根；

当符合有疑问、设计方认为重要和不同施工工艺等规定的桩数较多或为了全面了解整个工程基桩的桩身完整性情况时，应适当增加抽检数量。

d. 施工后，对一个单位工程内施工工艺相同的基桩，应进行单桩竖向抗压承载力验收检测。所用检测方法和抽检数量应符合下列规定：

当符合有疑问、设计方认为重要和不同施工工艺等规定之一条件或挤土群桩施工条件，应采用单桩竖向抗压承载力静载试验进行检测；抽检数量不应少于总桩数的 1%，且不少于 3 根；当总桩数在 50 根以内时，应不少于 2 根。

除上述规定条件外的预制桩和中、小直径灌注桩，可采用高应变法进行验收检测；当有本地区相近条件的对比验证资料时，也可作为上款规定条件下竖向抗压承载力验收检测的补充；抽检数量不应少于总桩数的 5%，且不少于 5 根。

对于端承型大直径灌注桩，当受设备或场地条件限制无法检测单桩竖向抗压承载力时，施工前可参照《建筑地基基础设计规范》GB 50007—2011 的要求进行深层平板载荷试验确定端承力参数；施工后验收检测除按规定条款的规定进行完整性检测外，还应按完整性受检桩数的 50%采用钻芯法测定桩底沉渣厚度和钻取桩端持力层岩土芯样，对单桩竖向抗压承载力进行核验。

对于承受拔力和水平力较大的建筑桩基，当设计等级为甲级时，应在施工前和施工后进行单桩竖向抗拔、水平承载力检测；对于其他等级的建筑桩基应按设计文件要求进行。

② 静载检测。

a. 检测装置包括加载部分和桩顶沉降观测部分。

试验加载宜采用油压千斤顶。当采用两台以上千斤顶加载时，应符合下列规定：

采用的千斤顶型号、规格应一致；

千斤顶的合力中心应与桩轴线重合；

二台或二台以上千斤顶加载时，应并联同步工作。

加载反力装置宜根据现场条件选择，并应分别符合下列规定：

锚桩横梁反力装置，能提供的反力不得小于最大加载量的 1.2 倍，且应分别对锚桩抗拔力（地基土、抗拔钢筋、桩的接头）、反力装置（强度、变形）进行验算；采用工程桩作锚桩时，锚桩数量不应少于 4 根，并应监测锚桩上拔量。

压重平台反力装置，压重量不得少于桩的最大加载量的 1.2 倍；压重宜在检测前一次加足，并均匀稳固地放置于平台上；压重施加于地基的压应力不宜大于地基承载力特征值的 1.5 倍。

锚桩压重联合反力装置，最大加载量超过锚桩的抗拔能力时，可在反力架上设置平台并堆放配重。锚桩抗拔力与配重重量的总和不应小于最大加载量的 1.2 倍，且应对反力架和平台强度、变形进行验算。

地锚反力装置，适用于岩面埋藏较浅的场地或极限承载力较低的桩。地锚的抗拔力不应小于最大加载量的 1.2 倍，且应对地锚、反力架强度和变形进行验算。

荷载量测可用放置在千斤顶上的应力环、应变式荷重传感器直接测定；或采用并联于千斤顶油路的压力表或压力传感器测定油压，根据千斤顶率定曲线换算荷载。传感器的测量误差应不大于 1%，压力表精度应优于或等于 0.4 级。试验用千斤顶、油泵、油管的容许压力应分别大于最大加载时压力的 1.2 倍。

沉降量测宜采用电测位移计或大量程百分表，并应符合下列规定：

测量误差不大于 1%，分辨力为 0.01mm；

对于直径为 500mm 以上（含 500mm）的桩，应在其 2 个正交直径方向对称安置 4 个位移测试仪表，直径小于 500mm 的桩可安置 2 个或 3 个位移测试仪表；

沉降测定平面应在千斤顶底座承压板以下位置，测点应牢固地固定于桩身；

基准梁应具有一定的刚度，梁的一端应固定在基准桩上，另一端应简支于基准桩；

固定和支承位移计（百分表）的夹具及基准梁应确保不受气温、振动及其他外界因素的影响；

试桩、锚桩（压重平台支墩）和基准桩之间的中心距离应符合规定。

b. 加载与检测。

加载应分级进行，采用等量加载；每级加载量宜为最大加载量或预估极限承载力的 1/10，其中第一级可取二倍加载级差。每级荷载在其维持过程中应保持荷载的恒定；

卸载应分级进行，每级卸载值取加载值的 2 倍，逐级等量卸载。每级荷载在维持过程中的变化幅度不得超过该级增量的 ±10%；

加、卸载时应使荷载传递均匀、连续、无冲击，加卸载过程中不得使荷载超过该级的规定值。

为设计提供依据的检测，应采用慢速维持荷载法。试验步骤应符合下列规定：

每级荷载施加后按第 5、15、30、45、60min 测读桩顶沉降量，以后每隔 30min 测读一次；当桩顶沉降速率达到相对稳定标准时，再施加下一级荷载；

试桩沉降相对稳定标准：每一小时内的桩顶沉降量小于 0.1mm，并连续出现两次（由 1.5h 内三次 30min 沉降观测值计算）；

卸载时，每级荷载维持 1h，按第 15、30、60min 分四次测读桩顶沉降量；卸载至零后，应测读稳定的桩顶残余沉降量，维持时间为 3h，测读时间为 15、30min，以后每隔 30min 测读一次；

对有特殊要求的试桩，沉降观测时间可另行确定。

施工后的工程桩验收检测，当有成熟的地区经验时，可采用快速维持荷载法。试验步骤应符合下列规定：

每级荷载加载后维持 1h，按 5、10、15、30、45、60min 测读桩顶沉降量，即可施加下一级荷载；对最后一级荷载，加载后沉降测读方法及稳定标准按慢速维持荷载法中的前两条款执行；

卸载时每级荷载维持 15min，测读时间为第 5、15min，即可卸下一级荷载。卸载至零后应测读稳定的残余沉降量，维持时间为 2h，测读时间为 5、15、30min，以后每隔 30min 测读一次；

当出现下列情况之一时，可终止加载：

某级荷载作用下，桩顶沉降量大于前一级荷载作用下沉降量的 5 倍，且桩顶总沉降量超过 40mm；

某级荷载作用下，桩顶沉降量大于前一级荷载作用下沉降量的 2 倍，且经 24h 尚未达到稳定标准；

已达到锚桩、地锚最大抗拔力或压重平台的最大重量时；

已达到设计要求的最大加载量；

按总沉降量控制：对长度大于 25m 或大直径（扩底）的非嵌岩桩，当荷载-沉降曲线呈缓变型时，加载至 60～80mm。在特殊情况下，可根据具体要求加载至 100mm 以上。

当需测试桩侧阻力和桩端阻力时，应按规定的要求在桩身内埋设传感器，并按慢速荷载法规定时间测读。

c. 检测数据分析与判定。

检测数据应按下列要求整理：

确定单桩竖向极限承载力时，应绘制竖向荷载-沉降（p-s）、沉降-时间对数（s-$\lg t$）曲线，需要时也可绘制其他辅助分析所需曲线；

当进行桩身应力、应变和桩底反力测定时，应整理出有关数据的记录表，并绘制桩身轴力分布图，计算不同土层的分层侧摩阻力和端阻力值。

单桩竖向极限承载力可按下列方法综合分析确定：

根据沉降随荷载变化的特征确定：对于陡降型 p-s 曲线，取其发生明显陡降的起始点所对应的荷载值；

根据沉降随时间变化的特征确定：取 s-$\lg t$ 曲线尾部出现明显向下弯曲的前一级荷载值；

对于缓变型 p-s 曲线根据沉降量确定，宜取 $s=40$mm 对应的荷载值；当桩长大于 40m 时，宜考虑桩身弹性压缩；对大直径桩可取 $s=0.03\sim0.05D$（D 为桩端直径，大直径时取低值，小直径时取高值）对应的荷载值。

单桩竖向抗压承载力特征值应按相应的单桩竖向抗压极限承载力或最大加荷量（当极限承载力不能确定时）的一半取值。

单桩竖向抗压承载力特征值应按以下方法统计计算：

n 根试桩实测单桩竖向抗压承载力特征值的平均值应按下式计算：

$$R_{am} = \frac{1}{n}\sum_{i=1}^{n} R_{ai} \qquad (1.1)$$

式中　R_{ai}——第 i 根试桩实测竖向抗压承载力特征值；

　　　R_{am}——竖向承载力特征值的平均值。

每根试桩的承载力特征值与平均值之比 α_i 应按下式计算：

$$\alpha_i = R_{ai}/R_{am} \qquad (1.2)$$

下标 i 根据 R_{ai} 值由小到大的顺序确定。

α_i 的标准差 s_x 应按下式计算：

$$s_x = \sqrt{\sum_{i=1}^{n} (\alpha_i - 1)^2/(n-1)} \qquad (1.3)$$

竖向抗压承载力特征值的统计值 R_a 按下面方法确定：

当 $s_x \leqslant 0.15$ 时，$R_a = R_{am}$；

当 $s_x > 0.15$ 时，应分析标准差过大的原因，结合工程具体情况综合确定。必要时可增加试桩数量。

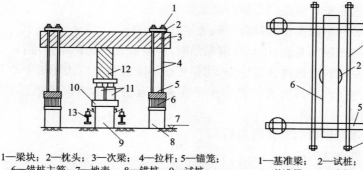

1—梁块；2—枕头；3—次梁；4—拉杆；5—锚笼；
6—锚桩主筋；7—地表；8—锚桩；9—试桩；
10—承压板；11—千斤顶；12—主梁；13—基准梁；
1—基准梁；2—试桩；3—锚桩；
4—基准梁；5—次梁；6—主梁；

（a）

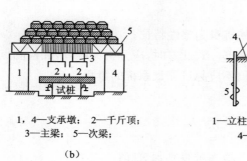

1，4—支承墩；2—千斤顶；
3—主梁；5—次梁；

（b）

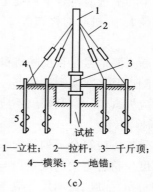

1—立柱；2—拉杆；3—千斤顶；
4—横梁；5—地锚；

（c）

图1-6　静载实验方式示意图
(a)锚桩横梁反力装置；(b)压重平台反力装置；(c)地锚反力装置

③ 低应变法检测及适用范围。

采用低能量瞬态或激振方式在桩顶激振，实测桩顶部的速度时程曲线或速度导纳曲线，通过波动理论分析或频域分析，对桩身完整性进行判定的检测方法。

本方法适用于检测基桩的桩身完整性，判定桩身缺陷的程度及位置。检测桩长宜按长径比不大于 50 控制，且最大有效检测桩长不宜大于 50m，超过此范围应结合其他方法并通过适应性试验确定该方法的适用性。

a. 仪器设备。

测试系统主要技术性能指标不应低于《基桩动测仪》JG/T 3055—1999 中表 1 规定的 2 级标准，且应具有信号滤波、放大、显示、储存和信号处理分析功能。

激振设备应包括能激发低频和高频力脉冲的力锤和锤垫；激振设备可装有力传感器。

时域信号分析时段应在 $2L/c$ 时刻后延续不少于 5ms；幅频信号分析频段应不少于 2000Hz；

设定桩长应为桩顶测点至桩底的实际施工桩长，设定桩身截面积应为实际施工截面积；

桩身波速可根据本地区同类桩型的测试值初步设定；

采样时间间隔应根据桩长、桩身波速和频域分辨率合理选择，时域信号采样点数不宜

27

少于 1024 点；

传感器的设定值应按计量检定得到的灵敏度设定。

测量传感器安装和激振操作应符合下列规定：

传感器安装应与桩顶面垂直；用耦合剂粘结时，应具有足够的粘结强度；

实心桩的激振点位置应选择在桩中心，测振传感器安装位置宜为距桩中心 2/3 半径处；空心桩的激振点与测振传感器安装位置的水平面夹角宜为 90°，测振传感器安装位置宜为桩壁厚的 1/2 处；

激振点与测振点应远离钢筋笼的主筋；

激振方向应沿桩轴线方向；

瞬态激振应通过对比试验，选择合适重量的激振力锤和锤垫，用低频脉冲波获取桩底或桩身下部缺陷反射信号，用高频脉冲波获取桩身上部缺陷反射信号。

信号采集和筛选应符合下列规定：

根据桩径大小，桩心对称布置 2～4 个检测点；每个检测点记录的有效信号数不应少于 3 个；

检查判断实测信号是否反映桩身完整性特征；

不同检测点及多次实测的波形一致性差时，应分析原因，增加检测点数量；

信号不应失真、零漂，其幅值不应超过测量系统的量程。

b. 现场检测。

检测前受检桩应符合下列规定：

桩身强度应符合有关的规定；

桩头的材质、强度、截面尺寸应与桩身基本等同；

桩顶面应平整、密实、水平；

桩侧混凝土垫层不应影响测试信号的分析。

测试参数设定应符合下列规定：

时域信号分析时段应在 $2L/c$ 时刻后延续不少于 5ms；幅频信号分析频段应不少于 2000Hz；

设定桩长应为桩顶测点至桩底的实际施工桩长，设定桩身截面积应为实际施工截面积；

桩身波速可根据本地区同类桩型的测试值初步设定；

采样时间间隔应根据桩长、桩身波速和频域分辨率合理选择，时域信号采样点数不宜少于 1024 点；

传感器的设定值应按计量检定得到的灵敏度设定。

测量传感器安装和激振操作应符合下列规定：

传感器安装应与桩顶面垂直；用耦合剂粘结时，应具有足够的粘结强度；

实心桩的激振点位置应选择在桩中心，测振传感器安装位置宜为距桩中心 2/3 半径处；空心桩的激振点与测振传感器安装位置的水平面夹角宜为 90°，测振传感器安装位置宜为桩壁厚的 1/2 处；

激振点与测振点应远离钢筋笼的主筋；

激振方向应沿桩轴线方向；

瞬态激振应通过对比试验,选择合适重量的激振力锤和锤垫,用低频脉冲波获取桩底或桩身下部缺陷反射信号,用高频脉冲波获取桩身上部缺陷反射信号。

信号采集和筛选应符合下列规定：

根据桩径大小,桩心对称布置 2~4 个检测点；每个检测点记录的有效信号数不应少于 3 个；

检查判断实测信号是否反映桩身完整性特征；

不同检测点及多次实测的波形一致性差时,应分析原因,增加检测点数量；

信号不应失真、零漂,其幅值不应超过测量系统的量程。

c. 检测数据分析与判定。

桩身波速平均值的确定应符合下列规定：

当桩长已知、桩底反射信号明确时,在地质条件、设计桩型、成桩工艺相同的基桩中,选取不少于 5 根 Ⅰ 类桩所测的桩身波速按下式计算其平均值：

$$c_m = \frac{1}{n} \sum_{i=1}^{n} c_i \qquad (1.4)$$

$$c_i = \frac{2000L}{\Delta T} = 2L \cdot \Delta f \qquad (1.5)$$

式中　c_m——桩身波速的平均值(m/s)；

　　　c_i——i 根受检桩的桩身波速计算值(m/s),且 $|c_i - c_m|/c_m \leqslant 5\%$；

　　　L——测点下桩长(m)；

　　　ΔT——速度波第一峰与桩底反射波峰间的时间差(ms)；

　　　Δf——幅频曲线上桩底相邻谐振峰间的频差(Hz)；

　　　n——参加波速平均值计算的基桩数量($n \geqslant 5$)。

当无法按上款确定时,波速平均值可根据本地区相同桩型及成桩工艺的其他桩基工程的测试取值,并结合桩身混凝土的骨料品种和强度等级综合确定。

桩身完整性类别应参照表 1-3 所列实测时域或幅频信号特征,并结合缺陷出现的深度、测试信号衰减特性以及设计桩型、地质条件、施工情况以及 JGJ 106 的规定,综合分析判定。

桩身缺陷位置应按下列公式计算：

$$x = \frac{1}{2000} \cdot \Delta t_x \cdot c_m = \frac{1}{2} \cdot \frac{c_m}{\Delta f'} \qquad (1.6)$$

式中　x——桩身缺陷至传感器安装点的距离(m)；

　　　Δt_x——速度波第一峰与缺陷反射波峰间的时间差(ms)；

　　　$\Delta f'$——幅频曲线上缺陷相邻谐振峰间的频差(Hz)。

对桩型及施工工艺相同的一批桩,当按式(1-4)对受检桩的桩长进行估算核验时,若估算桩长明显短于设计桩长且有可靠施工资料或其他方法验证其结果时,受检桩应判定为 Ⅳ 类桩。

对于混凝土灌注桩,应区分桩身截面渐变后恢复至原桩径并在该阻抗突变处的一次反射,或扩径突变处的二次反射,结合施工工艺和地质条件综合分析判定受检桩的完整性类别。必要时,可采用实测曲线拟合法辅助判定桩身完整性。

表1-3　桩身完整性判定

类　别	时域信号特征	幅频信号特征
Ⅰ	有桩底反射波，且 $2L/c$ 时刻前无缺陷反射波	桩底谐振峰排列基本等间距，其相邻频差 $\Delta f \approx c/2L$
Ⅱ	有桩底反射波，且 $2L/c$ 时刻前出现轻微缺陷反射波	桩底谐振峰排列基本等间距，其相邻频差 $\Delta f \approx c/2L$，轻微缺陷产生的谐振峰与桩底谐振峰之间的频差 $\Delta f' > c/2L$
Ⅳ	无桩底反射波，且 $2L/c$ 时刻前出现严重缺陷反射波或周期性反射波；因桩身浅部严重缺陷使波形呈现低频大振幅衰减振动	无桩底谐振峰，缺陷谐振峰排列基本等间距，相邻频差 $\Delta f' > c/2L$，或因桩身浅部严重缺陷只出现单一谐振峰
Ⅲ	无桩底反射波，有缺陷反射波，其他特征介于Ⅱ类和Ⅳ类之间	

对于嵌岩桩，桩底反射信号为单一反射波且与锤击脉冲信号同向时，应采取其他方法核验桩底嵌岩情况。

出现下列情况之一，桩身完整性宜结合其他检测方法进行：

超长桩，桩身超过有效检测长度范围的部分；

实测波形复杂，无规律，无法对其进行准确评价；

对同一批桩，由桩长估算波速或由波速估算桩长，其估算值出现异常，且又缺乏相关资料解释验证其结果；

桩身截面渐变或多变，且变化幅度较大的混凝土灌注桩。

④ 高应变动载检测及适用范围。

高应变动载检测是用重锤冲击桩顶，实测桩顶部的速度和力的时程曲线，通过波动理论分析，对单桩竖向抗压承载力和桩身完整性进行判定的检测方法。本方法适用于检测基桩的竖向抗压承载力和桩身完整性；检测预制桩打入时的桩身应力和锤击能量传递比，为沉桩工艺参数及桩长选择提供依据。进行灌注桩的竖向抗压承载力检测时，应具有现场实测经验和相近条件下的可靠对比资料。对于大直径扩底桩和 $p\text{-}s$ 曲线具有缓变型特征的大直径灌注桩，不宜采用本方法进行竖向抗压承载力检测。

检测仪器的主要技术性能指标不应低于《基桩动测仪》JG/T 3055 中表1规定的2级标准，且应具有保存、显示实测力与速度信号和信号处理与分析的功能。

打桩机械或类似的装置都可作为锤击设备（导杆式柴油锤除外）。重锤应材质均匀、形状对称、锤底平整，高径（宽）比不得小于1，并采用铸铁或铸钢制作。当采取自由落锤安装加速度传感器的方式实测锤击力时，重锤应整体铸造，且高径（宽）比应在 1.0～1.5 范围内。

进行承载力检测时，锤的重量必须大于预估单桩极限承载力的 1%～1.5%，桩径大于600mm 或桩长大于 30m 时取高值。

桩的贯入度可采用精密水准仪等光学仪器测定。

a. 现场检测。

检测前的准备工作应符合下列规定：

预制桩承载力的时间效应应通过复打确定；

桩顶面应平整，桩顶高度应满足锤击装置的要求，桩锤重心应与桩顶对中，锤击装置架立应垂直；

对不能承受锤击的桩头应做加固处理,混凝土桩的桩头处理按 JGJ 106 附录 B 执行;桩头顶部应设置桩垫,桩垫宜采用 10～30mm 厚的木板或胶合板等匀质材料;传感器的安装应符合相关规定。

检测前参数设定应符合下列规定:

采样时间间隔应为 100～200μs,信号采样点数不宜少于 1024 点;

传感器的设定值应按计量检定得到的灵敏度设定;

自由落锤安装加速度传感器时,力的设定值由加速度传感器设定值与重锤质量的乘积确定;

测点处的桩截面尺寸应按实际测量确定,波速、质量密度和弹性模量应按实际情况设定;

测点以下桩长和截面积可采用设计文件或施工记录提供的数据作为设定值;

桩材质量密度应按表 1-4 取值;

表 1-4　桩材质量密度(kg/m³)

钢　　桩	混凝土预制桩	离心管桩	混凝土灌注桩
7850	2450～2500	2550～2600	2400

桩身波速可结合本地经验或按同场地同类型已检桩的平均波速初步设定,现场检测完成后应按规范进行调整;

桩材弹性模量应按下式计算:

$$E = \rho \cdot c^2 \tag{1.7}$$

式中　E——桩材弹性模量(kPa);

　　　c——桩身应力波传播速度(m/s);

　　　ρ——桩材质量密度(kg/m³)。

现场检测应符合下列要求:

交流供电的测试系统,应良好接地。检测前应检查确认传感器、连接电缆及接插件无断路、短路现象,测试系统处于正常状态,并按本规范规定设定参数;

每根受检桩记录的有效锤击信号应根据桩顶最大动位移、贯入度、信号质量,以及桩身最大拉、压应力和缺陷程度及其发展情况综合确定;

采用自由落锤为锤击设备时,宜重锤低击,最大锤击落距不得大于 2.5m;

试验目的为确定预制桩打桩过程中的桩身应力、沉桩设备匹配能力和选择桩长时,应进行打桩全过程监测;

检测时宜实测桩的贯入度,单击贯入度宜在 2～6mm 之间;

检测时应及时检查采集数据的质量。发现测试波形紊乱,桩身有明显缺陷或缺陷程度加剧,应停止检测。

b. 检测数据分析与判定。

锤击信号选取与调整应符合下列规定:

锤击后出现下列情况之一的,其信号不得作为分析计算依据。

传感器安装处混凝土开裂或出现严重塑性变形使力曲线最终未归零。

严重锤击偏心,一侧力信号呈现受拉。

由于触变效应的影响,预制桩在多次锤击下承载力下降。

检测承载力时选取锤击信号,宜取锤击能量较大的击次。

桩身波速平均值可根据下行波波形起升沿的起点到上行波下降沿的起点之间的时差与已知桩长值确定(图1-7);桩底反射信号不明显时,可根据桩长、混凝土波速的合理取值范围以及邻近桩的桩身波速值确定。

测点处原设定波速随调整后的桩身平均波速改变时,相应的桩材弹性模量应按式(1.7)重新设置;采用应变式传感器测力时,应对原实测力值校正。

力和速度信号第一峰起始比例失调时,应分析原因,严禁进行比例调整。

承载力分析计算前,应结合地质条件、设计参数,对实测波形特征进行定性检查。

实测曲线特征反映出的桩承载性状。

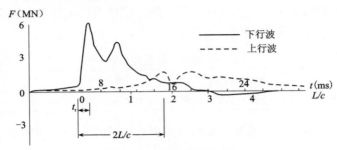

图1-7 桩身波速的确定
F—锤击力;L—测点下桩长;c—桩身波速

观察桩身缺陷程度和位置,连续锤击时缺陷的扩大或逐步闭合情况。

以下三种情况宜采用静载法进一步验证:

桩身存在缺陷,无法判定桩的竖向承载力和对水平承载力的影响时;

单击贯入度大,桩底同向反射强烈且反射峰较宽,侧阻、端阻反射弱,即波形表现出竖向承载性状明显与勘察设计条件不符合时;

嵌岩桩桩底同向反射强烈,且在时间$2L/c$后无明显端阻力反射;也可采用钻芯法核验。

采用凯司法判定桩承载力,应符合下列规定:

只限于中、小直径桩;

用于混凝土灌注桩时,桩身材质、截面应基本均匀;

凯司法判定的单桩承载力可按下式计算:

$$R_c = (1 - J_c) \cdot [F(t_1) + Z \cdot V(t_1)]/2 + (1 + J_c) \cdot$$
$$[F(t_1 + 2L/c) - Z \cdot V(t_1 + 2L/c)]/2 \tag{1.8}$$
$$Z = A \cdot E/c \tag{1.9}$$

式中　R_c——由凯司法判定的单桩承载力(kN);

　　　J_c——凯司法阻尼系数;

　　　t_1——速度第一峰对应的时刻(ms);

　$F(t_1)$——t_1时刻的锤击力(kN);

　$V(t_1)$——t_1时刻的质点运动速度(m/s);

　　　Z——桩身截面力学阻抗(kN·s/m);

　　　A——桩身截面面积(m^2);

　　　L——测点下桩长(m)。

公式(1.8)适用于 $2L/c$ 时刻桩侧和桩端土阻力均已充分发挥的摩擦型桩。对于土阻力滞后于 $2L/c$ 时刻明显发挥或先于 $2L/c$ 时刻发挥并造成桩中上部强烈反弹这两种情况，应分别采用以下两种方法对 R_c 值进行提高修正：

适当将 $2L/c$ 延时，确定 R_c 的最大值；

考虑卸载回弹部分土阻力对 R_c 值进行修正。

阻尼系数 J_c 宜根据同条件下静载试验结果校核，或应在已取得相近条件下可靠对比资料后，采用实测曲线拟合法确定 J_c 值，拟合计算的桩数应不少于检测总桩数的 30%，且不少于 3 根；

在同一场地，桩型和截面积相同情况下，J_c 极限值与平均值之差不应大于 30%。

采用实测曲线拟合法判定桩承载力，应符合下列规定：

所采用的力学模型应明确合理，桩和土的力学模型应能分别反映桩和土的实际力学性状，模型参数的取值范围应能限定；

曲线拟合时间段长度在 $t_1 + 2L/c$ 时刻后延续时间不应小于 20ms；

拟合分析选用的参数应在岩土工程的合理范围内；

各单元所选用的土的最大弹性位移值不应超过相应桩单元的最大计算位移值；

拟合完成时，土阻力响应区段的计算曲线与实测曲线必须吻合，其他区段的曲线应基本吻合；

贯入度的计算值应与实测值接近。

桩身完整性判定可采用以下方法进行，并应符合相应的规定：

桩身完整性宜采用实测曲线拟合法判定，拟合时所选用的桩土参数应符合上面判定桩承载力的规定；根据桩的成桩工艺，拟合时可采用桩身阻抗拟合或桩身裂隙（包括混凝土预制桩的接桩缝隙）拟合。

对于等截面桩，桩顶下第一个缺陷可用 β 法并参照表 1-5 判定；桩身完整性系数 β 和桩身缺陷位置 x 应分别按下列公式计算：

$$\beta = \{[F(t_1) + Z \cdot V(t_1)]/2 - \Delta R + [F(t_x) - Z \cdot V(t_x)]/2\}/$$
$$\{[F(t_1) + Z \cdot V(t_1)]/2 - [F(t_x) - Z \cdot V(t_x)]/2\} \tag{1.10}$$
$$x = c \cdot (t_x - t_1)/2000 \tag{1.11}$$

式中　β——桩身完整性系数；

$\quad t_1$——速度第一峰对应的时刻(ms)；

$\quad t_x$——缺陷反射峰对应的时刻(ms)；

$\quad x$——桩身缺陷至传感器安装点的距离(m)；

$\quad \Delta R$——缺陷以上部位土阻力的估计值，等于缺陷反射起始点的锤击力与速度乘以桩身截面力学阻抗之差值，取值方法见图 1-8。

出现下列情况之一的，桩身完整性判定宜按工程地质条件和施工工艺结合实测曲线拟合法或其他检测方法综合进行：

桩身有扩径的桩；

桩身截面渐变或多变的混凝土灌注桩；

力和速度曲线在峰值附近比例失调，桩身有浅部缺陷的桩；

锤击力波上升缓慢，力与速度曲线比例失调的桩。

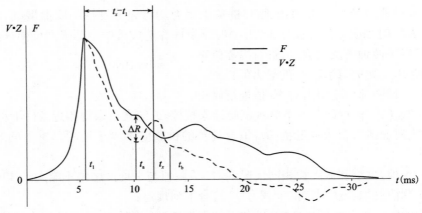

图1-8 桩身结构完整性系数计算

表1-5 桩身完整性判定

类别	β 值
I	$\beta=1.0$
II	$0.8 \leqslant \beta < 1.0$
III	$0.6 \leqslant \beta < 0.8$
IV	$\beta < 0.6$

　　桩身最大锤击拉、压应力和桩锤实际传递给桩的能量应分别按 JGJ 106 附录 E 相应公式计算。

项目2　现场混凝土强度检测

混凝土强度的检测方法根据其对被测构件的损伤情况可分为非破损法和微(半)破损法两种。非破损法是以混凝土强度与某些物理量之间的相关性为基础,测试这些物理量,然后根据相关关系推算被测混凝土的标准强度换算值,检测工作本身不对被测构件产生任何的损伤;微(半)破损法是以不影响结构或构件的承载能力为前提,在结构或构件上直接进行局部破坏性试验,或钻取芯样进行破坏性试验,并推算出强度标准值的推定值或特征强度的检测方法。根据检测工作原理的不同,其常用的检测方法又分为:回弹法、超声回弹综合法、后装拔出法和钻芯法。所谓综合法是采用两种或两种以上的非破损检测方法,获取多种物理参量,建立混凝土强度与多项物理参量的综合相关关系,从而综合评价混凝土的强度。

2.1　回弹法检测构件混凝土强度

1. 检测原理

回弹法检测构件混凝土强度,是利用混凝土表面硬度(同时考虑碳化深度对表面硬度的影响)与强度之间的相关关系来推定混凝土强度的一种方法。其基本原理是:用一弹簧驱动的重锤,通过弹击杆(传力杆),弹击混凝土表面,并测出重锤被反弹回来的距离,计算得出反弹距离与弹簧初始长度之比即回弹值(一般用 R 表示),作为与强度相关的指标,同时考虑混凝土表面碳化后对硬度变化的影响,以此推定混凝土强度的一种方法,即 $f_{cu}=f(R \cdot L)$。由于回弹值的测量在混凝土表面进行,因此,其检测结果仅反映被测构件表面的混凝土质量状况,回弹法不适用于表面与内部质量有明显差异或内部存在缺陷的混凝土结构或构件的检测。

2. 检测依据

《回弹法检测混凝土抗压强度技术规程》JGJ/T 23—2011。

3. 仪器设备及检测环境

(1) 回弹仪

回弹仪即测定构件回弹值的仪器。根据其示值系统的不同可分为指针直读式和其他示值系统。按其标称能量一般分为轻型(0.735J)、中型(2.207J)和重型(29.04J)三种;普通混凝土一般使用中型回弹仪进行检测。用于工程检测的回弹仪必须具有产品合格证及检定单位的检定合格证,并在回弹仪的明显位置上应具有下列标志:名称、型号、制造厂名(或商标)、出厂编号、出厂日期和中国计量器具制造许可证标志 CMC 及生产许可证证号等。

回弹仪的技术指标要求包括:中型回弹仪的标称能量为 2.207J;弹击锤与弹击杆碰撞

的瞬间,弹击拉簧应处于自由状态,此时弹击锤起跳点应相当于指针刻度尺上"0"处;在洛氏硬度 HRC 为 60±2 的钢砧上,回弹仪的率定值应为 80±2。

回弹仪的检定:回弹仪具有下列情况之一时应送检定单位检定:①新回弹仪启用前;②超过检定有效期限(有效期为半年);③累计弹击次数超过 6000 次;④经常规保养后钢砧率定值不合格;⑤遭受严重撞击或其他损害。

回弹仪的保养:回弹仪具有下列情况之一时,应进行常规保养:①弹击超过 2000 次;②对检测值有怀疑时;③在钢砧上的率定值不合格。保养后应按要求进行率定试验。

回弹仪使用完毕后应使弹击杆伸出机壳,清除弹击杆、杆前端球面以及刻度尺表面和外壳上的污垢、尘土。回弹仪不用时,应将弹击杆压入仪器内,经弹击后方可按下按钮锁住机芯,将回弹仪装入仪器箱,平放在干燥阴凉处。

(2) 碳化深度测试仪

碳化深度测试仪用于对混凝土表面碳化深度的测量专用设备。比用普通的直尺测量精度高、方法简单。碳化深度测试仪一般一年进行一次检定。

(3) 检测环境要求

用回弹法检测构件混凝土强度,其回弹仪使用时的环境温度应为 -4~40℃。

4. 基本要求

(1) 结构或构件混凝土强度检测宜具有下列资料

① 工程名称及设计、施工、监理(或监督)和建设单位名称;

② 结构或构件名称、外形尺寸、数量及混凝土强度等级;

③ 水泥品种、强度等级、安定性、厂名;砂、石种类、粒径;外加剂或掺合料品种、掺量;混凝土配合比等;

④ 施工时材料计量情况,模板、浇筑、养护情况及成型日期等;

⑤ 必要的设计图纸和施工记录;

⑥ 检测原因。

(2) 结构或构件取样数量应符合下列规定

① 单个检测:适用于单个结构或构件的检测。

② 批量检测:适用于在相同的生产工艺条件下,混凝土强度等级相同,原材料、配合比、成型工艺、养护条件基本一致,且龄期相近的同类结构或构件。按批进行检测的构件,抽检数量不得少于同批构件总数的 30%,且构件数量不得少于 10 件。抽检构件时,应随机抽取并使所选构件具有代表性。

(3) 测区的划分。每一结构或构件的测区划分应符合下列规定

① 每一结构或构件测区数不应少于 10 个。对某一方向尺寸小于 4.5m,且另一方向尺寸小于 0.3m 的构件,其测区数量可适当减少,但不应少于 5 个;

② 相邻两测区的间距应控制在 2m 以内,测区离构件端部或施工缝边缘的距离不宜大于 0.5m,且不宜小于 0.2m;

③ 测区应选在使回弹仪处于水平方向检测混凝土浇筑侧面。当不能满足这一要求时,可使回弹仪处于非水平方向检测混凝土浇筑侧面、表面或底面;

④ 测区宜选在构件的两个对称可测面上,也可选在一个可测面上,且应均匀分布。在

构件的重要部位及薄弱部位必须布置测区,并应避开预埋件;

⑤ 测区的面积不宜大于 0.04m²;

⑥ 检测面应为混凝土表面,并应清洁、平整,不应有疏松层、浮浆、油垢、涂层以及蜂窝、麻面,必要时可用砂轮清除疏松层和杂物,且不应有残留的粉末或碎屑。

(4)测区标注

结构或构件的测区应标有清晰的编号,必要时应在记录纸上绘制测区布置示意图和描述外观质量情况。

(5)钻芯修正

当检测条件与测强曲线的适用条件有较大差异时,可采用同条件试件或钻取混凝土芯样进行修正。直径 100mm 混凝土试件,钻取芯样数量不应少于 6 个,现场钻取直径 100mm 的芯样确有困难时,也可采用直径不小于 70mm 的混凝土芯样,但芯样试件的数量不应少于 9 个。钻取芯样时每个部位应钻取一个芯样。计算时,测区混凝土强度换算值可以乘以修正系数,也可以用加减量的方法进行修正。

5. 检测操作步骤

(1)回弹值测量

① 检测时,回弹仪的轴线应始终垂直于结构或构件的混凝土检测面,缓慢施压,准确读数,快速复位。

② 测点宜在测区范围内均匀分布,相邻两测点的净距不宜小于 20mm;测点距外露钢筋、预埋件的距离不宜小于 30mm。测点不应设置在气孔或外露石子上,同一测点只应弹击一次。每一测区应记取 16 个回弹值,每一测点的回弹值读数估读至 1。

③ 对弹击时产生颤动的薄壁、小型构件应进行固定。

(2)碳化深度值测量

① 碳化深度值测量,可使用适当的工具如铁锤和尖头铁凿在测区表面形成直径约 15mm 的孔洞,其深度应大于混凝土的碳化深度。应除净孔洞中的粉末和碎屑,并不得用水擦洗,再采用浓度为 1% 的酚酞酒精溶液滴在孔洞内壁的边缘处,当已碳化与未碳化界线清楚时,再用深度测量工具如碳化尺测量已碳化与未碳化混凝土交界面到混凝土表面的垂直距离,测量不应少于 3 次。

② 碳化深度值测量应在有代表性的位置上测量,测点数不应少于构件测区数的 30%,取其平均值为该构件每测区的碳化深度值。当各测点间的碳化深度值相差大于 2.0mm 时,应在每一回弹测区测量碳化深度值。

6. 数据处理与结构判定

(1)回弹值计算

① 测区平均回弹值,将该测区的 16 个回弹值中剔除 3 个最大值和 3 个最小值,计算余下的 10 个回弹值的平均值 R_m:

$$R_m = \frac{\sum\limits_{i=1}^{10} R_i}{10} \qquad (2.1)$$

式中 R_m——测区平均回弹值，精确至 0.1；

　　　R_i——第 i 个测点的回弹值。

　②非水平方向检测混凝土浇筑侧面时，应按下式修正：

$$R_m = R_{m\alpha} + R_{a\alpha}$$

（2.2）

式中 $R_{m\alpha}$——非水平状态检测时测区的平均回弹值，精确至 0.1；

　　　$R_{a\alpha}$——非水平状态检测时回弹值修正值（表 2-1）。

表 2-1　非水平状态检测时的回弹值修正值

$R_{m\alpha}$	检测角度							
	向上				向下			
	90°	60°	45°	30°	−30°	−45°	−60°	−90°
20	−6.0	−5.0	−4.0	−3.0	+2.5	+3.0	+3.5	+4.0
21	−5.9	−4.9	−4.0	−3.0	+2.5	+3.0	+3.5	+4.0
22	−5.8	−4.8	−3.9	−2.9	+2.4	+2.9	+3.4	+3.9
23	−5.7	−4.7	−3.9	−2.9	+2.4	+2.9	+3.4	+3.9
24	−5.6	−4.6	−3.8	−2.8	+2.3	+2.8	+3.3	+3.8
25	−5.5	−4.5	−3.8	−2.8	+2.3	+2.8	+3.3	+3.8
26	−5.4	−4.4	−3.7	−2.7	+2.2	+2.7	+3.2	+3.7
27	−5.3	−4.3	−3.7	−2.7	+2.2	+2.7	+3.2	+3.7
28	−5.2	−4.2	−3.6	−2.6	+2.1	+2.6	+3.1	+3.6
29	−5.1	−4.1	−3.6	−2.6	+2.1	+2.6	+3.1	+3.6
30	−5.0	−4.0	−3.5	−2.5	+2.0	+2.5	+3.0	+3.5
31	−4.9	−4.0	−3.5	−2.5	+2.0	+2.5	+3.0	+3.5
32	−4.8	−3.9	−3.4	−2.4	+1.9	+2.4	+2.9	+3.4
33	−4.7	−3.9	−3.4	−2.4	+1.9	+2.4	+2.9	+3.4
34	−4.6	−3.8	−3.3	−2.3	+1.8	+2.3	+2.8	+3.3
35	−4.5	−3.8	−3.3	−2.3	+1.8	+2.3	+2.8	+3.3
36	−4.4	−3.7	−3.2	−2.2	+1.7	+2.2	+2.7	+3.2
37	−4.3	−3.7	−3.2	−2.2	+1.7	+2.2	+2.7	+3.2
38	−4.2	−3.6	−3.1	−2.1	+1.6	+2.1	+2.6	+3.1
39	−4.1	−3.6	−3.1	−2.1	+1.6	+2.1	+2.6	+3.1
40	−4.0	−3.5	−3.0	−2.0	+1.5	+2.0	+2.5	+3.0
41	−4.0	−3.5	−3.0	−2.0	+1.5	+2.0	+2.5	+3.0
42	−3.9	−3.4	−2.9	−1.9	+1.4	+1.9	+2.4	+2.9
43	−3.9	−3.4	−2.9	−1.9	+1.4	+1.9	+2.4	+2.9
44	−3.8	−3.3	−2.8	−1.8	+1.3	+1.8	+2.3	+2.8
45	−3.8	−3.3	−2.8	−1.8	+1.3	+1.8	+2.3	+2.8
46	−3.7	−3.2	−2.7	−1.7	+1.2	+1.7	+2.2	+2.7
47	−3.7	−3.2	−2.7	−1.7	+1.2	+1.7	+2.2	+2.7

$R_{m\alpha}$	检测角度							
	向上				向下			
	90°	60°	45°	30°	−30°	−45°	−60°	−90°
48	−3.6	−3.1	−2.6	−1.6	+1.1	+1.6	+2.1	+2.6
49	−3.6	−3.1	−2.6	−1.6	+1.1	+1.6	+2.1	+2.6
50	−3.5	−3.0	−2.5	−1.5	+1.0	+1.5	+2.0	+2.5

注：1. $R_{m\alpha}$ 小于 20 或大于 50 时，均分别按 20 或 50 查表；
　　2. 表中未列入的相应于 $R_{m\alpha}$ 的修正值 $R_{a\alpha}$ 可用内插法求得，精确至 0.1。

③ 水平方向检测混凝土浇筑顶面或底面时，应按下列公式修正：

$$R_m = R_m^t + R_a^t \tag{2.3}$$

$$R_m = R_m^b + R_a^b \tag{2.4}$$

式中　R_m^t、R_a^t——分别为水平方向检测混凝土浇筑表面、底面时，测区的平均回弹值，精确
　　　　　　　　至 0.1；

　　　R_m^b、R_a^b——混凝土浇筑表面、底面回弹值的修正值（表 2－2）。

表 2－2　不同浇筑面的回弹值修正值

R_m^t 或 R_m^b	表面修正值（R_a^t）	底面修正值（R_a^b）	R_m^t 或 R_m^b	表面修正值（R_a^t）	底面修正值（R_a^b）
20	+2.5	−3.0	36	+0.9	−1.4
21	+2.4	−2.9	37	+0.8	−1.3
22	+2.3	−2.8	38	+0.7	−1.2
23	+2.2	−2.7	39	+0.6	−1.1
24	+2.1	−2.6	40	+0.5	−1.0
25	+2.0	−2.5	41	+0.4	−0.9
26	+1.9	−2.4	42	+0.3	−0.8
27	+1.8	−2.3	43	+0.2	−0.7
28	+1.7	−2.2	44	+0.1	−0.6
29	+1.6	−2.1	45	0	−0.5
30	+1.5	−2.0	46	0	−0.4
31	+1.4	−1.9	47	0	−0.3
32	+1.3	−1.8	48	0	−0.2
33	+1.2	−1.7	49	0	−0.1
34	+1.1	−1.6	50	0	0
35	+1.0	−1.5	——	——	——

注：1. R_m^t 或 R_m^b 小于 20 或大于 50 时，均分别按 20 或 50 查表；表中未列入的相应于 R_m^t 或 R_m^b 的 R_a^t 和 R_a^b 值，可用内插法求得，精确至 0.1。
　　2. 表中有关混凝土浇筑表面的修正系数，是指一般原浆抹面的修正值。
　　3. 表中有关混凝土浇筑底面的修正系数，是指构件底面与侧面采用同一类模板在正常浇筑情况下的修正值。

④ 检测时,当回弹仪为非水平方向且测试面为非混凝土的浇筑侧面时,应先对回弹值进行角度修正,再用修正后的值进行浇筑面修正。

(2) 碳化深度值的计算

取各测区碳化深度的平均值作为该构件的碳化深度值,计算精确至 0.5mm。

(3) 测区混凝土强度换算值的计算

① 结构或构件第 i 个测区混凝土强度换算值,可将所求得的平均回弹值(R_m)及平均碳化深度值(d_m)查《回弹法检测混凝土抗压强度技术规程》JGJ/T 23—2011 的附录 A(表 2-3)得出。在这里应注意在该规范中所用的测强曲线为全国统一测强曲线,使用该曲线时被测混凝土构件应符合下列条件:普通混凝土采用的材料、拌合用水符合现行国家有关标准;不掺外加剂或仅掺非引气型外加剂;采用普通成型工艺;采用符合现行国家标准《混凝土结构工程施工质量验收规范》GB 50204 规定的钢模、木模及其他材料制作的模板;自然养护或蒸汽养护出池后经自然养护 7d 以上,且混凝土表层为干燥状态;龄期为 14~1000d;抗压强度为 10~60MPa。

表 2-3　测区混凝土强度换算表

平均回弹值 R_m	测区混凝土强度换算表 $f^c_{cu,i}$(MPa)											
	平均碳化深度值 d_m(mm)											
	0	0.5	1.0	1.5	2.0	2.5	3.0	3.5	4.0	4.5	5.0	5.5	≥6.0
20.0	10.3	10.1	—	—	—	—	—	—	—	—	—	—	—
20.2	10.5	10.3	10.0	—	—	—	—	—	—	—	—	—	—
20.4	10.7	10.5	10.2	—	—	—	—	—	—	—	—	—	—
20.6	11.0	10.8	10.4	10.1	—	—	—	—	—	—	—	—	—
20.8	11.2	11.0	10.6	10.3	—	—	—	—	—	—	—	—	—
21.0	11.4	11.2	10.8	10.5	10.0	—	—	—	—	—	—	—	—
21.2	11.6	11.4	11.0	10.7	10.2	—	—	—	—	—	—	—	—
21.4	11.8	11.6	11.2	10.9	10.4	10.0	—	—	—	—	—	—	—
21.6	12.0	11.8	11.4	11.0	10.6	10.2	—	—	—	—	—	—	—
21.8	12.3	12.1	11.7	11.3	10.8	10.5	10.1	—	—	—	—	—	—
22.0	12.5	12.2	11.9	11.5	11.0	10.6	10.2	—	—	—	—	—	—
22.2	12.7	12.4	12.1	11.7	11.2	10.8	10.4	10.0	—	—	—	—	—
22.4	13.0	12.7	12.4	12.0	11.4	11.0	10.7	10.3	10.0	—	—	—	—
22.6	13.2	12.9	12.5	12.1	11.6	11.2	10.8	10.4	10.0	—	—	—	—
22.8	13.4	13.1	12.7	12.3	11.8	11.4	11.0	10.6	10.2	—	—	—	—
23.0	13.7	13.4	13.0	12.5	12.1	11.6	11.2	10.8	10.5	10.1	—	—	—
23.2	13.9	13.6	13.1	12.8	12.2	11.8	11.4	11.0	10.7	10.3	10.0	—	—
23.4	14.1	13.8	13.4	13.0	12.4	12.0	11.6	11.2	10.9	10.4	10.2	—	—
23.6	14.4	14.1	13.7	13.2	12.7	12.2	11.8	11.4	11.1	10.7	10.4	10.1	—
23.8	14.6	14.3	13.9	13.4	12.8	12.4	12.0	11.6	11.2	10.8	10.5	10.2	—
24.0	14.9	14.6	14.2	13.7	13.1	12.7	12.2	11.8	11.5	11.0	10.7	10.4	10.1

平均回弹值 R_{m}	测区混凝土强度换算表 $f^{\mathrm{c}}_{\mathrm{cu},i}$(MPa)												
	平均碳化深度值 d_{m}(mm)												
	0	0.5	1.0	1.5	2.0	2.5	3.0	3.5	4.0	4.5	5.0	5.5	≥6.0
24.2	15.1	14.8	14.3	13.9	13.3	12.8	12.4	11.9	11.6	11.2	10.9	10.6	10.3
24.4	15.4	15.1	14.6	14.2	13.6	13.1	12.6	12.2	11.9	11.4	11.1	10.8	10.4
24.6	15.6	15.3	14.8	14.4	13.7	13.3	12.8	12.3	12.0	11.5	11.2	10.9	10.6
24.8	15.9	15.6	15.1	14.6	14.0	13.5	13.0	12.6	12.2	11.8	11.4	11.1	10.7
25.0	16.2	15.9	15.4	14.9	14.3	13.8	13.3	12.8	12.5	12.0	11.7	11.3	10.9
25.2	16.4	16.1	15.6	15.1	14.4	13.9	13.4	13.0	12.6	12.1	11.8	11.5	11.0
25.4	16.7	16.4	15.9	15.4	14.7	14.2	13.7	13.2	12.9	12.4	12.0	11.7	11.2
25.6	16.9	16.6	16.1	15.7	14.9	14.4	13.9	13.4	13.0	12.5	12.2	11.8	11.3
25.8	17.2	16.9	16.3	15.8	15.1	14.6	14.1	13.6	13.2	12.7	12.4	12.0	11.5
26.0	17.5	17.2	16.6	16.1	15.4	14.9	14.4	13.8	13.5	13.0	12.6	12.2	11.6
26.2	17.8	17.4	16.9	16.4	15.7	15.1	14.6	14.0	13.7	13.2	12.8	12.4	11.8
26.4	18.0	17.6	17.1	16.6	15.8	15.3	14.8	14.2	13.9	13.3	13.0	12.6	12.0
26.6	18.3	17.9	17.4	16.8	16.1	15.6	15.0	14.4	14.1	13.5	13.2	12.8	12.1
26.8	18.6	18.2	17.7	17.1	16.4	15.8	15.3	14.6	14.3	13.8	13.4	12.9	12.3
27.0	18.9	18.5	18.0	17.4	16.6	16.1	15.5	14.8	14.6	14.0	13.6	13.1	12.4
27.2	19.1	18.7	18.1	17.6	16.8	16.2	15.7	15.0	14.7	14.1	13.8	13.3	12.6
27.4	19.4	19.0	18.4	17.8	17.0	16.4	15.9	15.2	14.9	14.3	14.0	13.4	12.7
27.6	19.7	19.3	18.7	18.0	17.2	16.6	16.1	15.4	15.1	14.5	14.1	13.6	12.9
27.8	20.0	19.6	19.0	18.2	17.4	16.8	16.3	15.6	15.3	14.7	14.2	13.7	13.0
28.0	20.3	19.7	19.2	18.4	17.6	17.0	16.5	15.8	15.4	14.8	14.4	13.9	13.2
28.2	20.6	20.0	19.5	18.6	17.8	17.2	16.7	16.0	15.6	15.0	14.6	14.0	13.3
28.4	20.9	20.3	19.7	18.8	18.0	17.4	16.9	16.2	15.8	15.2	14.8	14.2	13.5
28.6	21.2	20.6	20.0	19.1	18.2	17.6	17.1	16.4	16.0	15.4	15.0	14.3	13.6
28.8	21.5	20.9	20.2	19.4	18.5	17.8	17.3	16.6	16.2	15.6	15.2	14.5	13.8
29.0	21.8	21.1	20.5	19.6	18.7	18.1	17.5	16.8	16.4	15.8	15.4	14.6	13.9
29.2	22.1	21.4	20.8	19.9	19.0	18.3	17.7	17.0	16.6	16.0	15.6	14.8	14.1
29.4	22.4	21.7	21.1	20.2	19.3	18.6	17.9	17.2	16.8	16.2	15.8	15.0	14.2
29.6	22.7	22.0	21.3	20.4	19.5	18.8	18.2	217.5	17.0	16.4	16.0	15.1	14.4
29.8	23.0	22.3	21.6	20.7	19.8	19.1	18.4	17.7	17.2	16.6	16.2	15.3	14.5
30.0	23.3	22.6	21.9	21.0	20.0	19.3	18.6	17.9	17.4	16.8	16.4	15.4	14.7
30.2	23.6	22.9	22.2	21.2	20.3	19.6	18.9	18.2	17.6	17.0	16.6	15.6	14.9
30.4	23.9	23.2	22.5	21.5	20.6	19.8	19.1	18.4	17.8	17.2	16.8	15.8	15.1
30.6	24.3	23.6	22.8	21.9	20.9	20.2	19.4	18.7	18.0	17.5	17.0	16.0	15.2
30.8	24.6	23.9	23.1	22.1	21.2	20.4	19.7	18.9	18.2	17.7	17.2	16.2	15.4

平均回弹值 R_m	测区混凝土强度换算表 $f^c_{cu,i}$(MPa)												
	平均碳化深度值 d_m(mm)												
	0	0.5	1.0	1.5	2.0	2.5	3.0	3.5	4.0	4.5	5.0	5.5	≥6.0
31.0	24.9	24.2	23.4	22.4	21.4	20.7	19.9	19.2	18.4	17.9	17.4	16.4	15.5
31.2	25.2	24.4	23.7	22.7	21.7	20.9	20.2	19.4	18.6	18.1	17.6	16.6	15.7
31.4	25.6	24.8	24.1	23.0	22.0	21.2	20.5	19.7	18.9	18.4	17.8	16.9	15.8
31.6	25.9	25.1	24.3	23.3	22.3	21.5	20.7	19.9	19.2	18.6	18.0	17.1	16.0
31.8	26.2	25.4	24.6	23.6	22.5	21.7	21.0	20.2	19.4	18.9	18.2	17.3	16.2
32.0	26.5	25.7	24.9	23.9	22.8	22.0	21.2	20.4	19.6	19.1	18.4	17.5	16.4
32.2	26.9	26.1	25.3	24.2	23.1	22.3	21.5	20.7	19.9	19.4	18.6	17.7	16.6
32.4	27.2	26.4	25.6	24.5	23.4	22.6	21.8	20.9	20.1	19.6	18.8	17.9	16.8
32.6	27.6	26.8	25.9	24.8	23.7	22.9	22.1	21.3	20.4	19.9	19.0	18.1	17.0
32.8	27.9	27.1	26.2	25.1	24.0	23.2	22.3	21.5	20.6	20.1	19.2	18.3	17.2
33.0	28.2	27.4	26.5	25.4	24.3	23.4	22.6	21.7	20.9	20.3	19.4	18.5	17.4
33.2	28.6	27.7	26.8	25.7	24.6	23.7	22.9	22.0	21.2	20.5	19.6	18.7	17.6
33.4	28.9	28.0	27.1	26.0	24.9	24.0	23.1	22.3	21.4	20.7	19.8	18.9	17.8
33.6	29.3	28.4	27.4	26.4	25.2	24.2	23.3	22.6	21.7	20.9	20.0	19.1	18.0
33.8	29.6	28.7	27.7	26.6	25.4	24.4	23.5	22.8	21.9	21.1	20.2	19.3	18.2
34.0	30.0	29.1	28.0	26.8	25.6	24.6	23.7	23.0	22.1	21.3	20.4	19.5	18.3
34.2	30.3	29.4	28.3	27.0	25.8	24.8	23.9	23.2	22.3	21.5	20.6	19.7	18.4
34.4	30.7	29.8	28.6	27.7	26.0	25.0	24.1	23.4	22.5	21.7	20.8	19.8	18.6
34.6	31.1	30.2	28.9	27.4	26.2	25.2	24.3	23.6	22.7	21.9	21.0	20.0	18.8
34.8	31.4	30.5	29.2	27.6	26.4	25.4	24.5	23.8	22.9	22.1	21.2	20.2	19.0
35.0	31.4	30.5	29.2	27.6	26.4	25.4	24.5	23.8	22.9	22.1	21.2	20.2	19.0
35.2	32.1	31.1	29.9	28.2	27.0	26.0	25.0	24.2	23.4	22.5	21.6	20.6	19.4
35.4	32.5	31.5	30.2	28.6	27.3	26.3	25.4	24.4	23.7	22.8	21.8	20.8	19.6
35.6	32.9	31.9	30.6	29.0	27.6	26.6	25.7	24.7	24.0	23.0	22.0	21.0	19.8
35.8	33.3	32.3	31.0	29.3	28.0	27.0	26.0	25.0	24.3	23.3	22.2	21.2	20.0
36.0	33.6	32.6	31.2	29.6	28.2	27.2	26.2	25.2	24.5	23.5	22.4	21.4	20.2
36.2	34.0	33.0	31.6	29.9	28.6	27.5	26.5	25.5	24.8	23.8	22.6	21.6	20.4
36.4	34.4	33.4	32.0	30.3	28.9	27.9	26.8	25.8	25.1	24.1	22.8	21.8	20.6
36.8	35.2	34.1	32.7	31.0	29.6	28.5	27.5	26.4	25.7	24.6	23.2	22.2	22.1
37.0	35.5	34.4	33.0	31.2	29.8	28.8	27.7	26.6	25.9	24.8	23.4	22.4	21.3
37.2	35.9	34.8	33.4	31.6	30.2	29.1	28.0	26.9	26.2	25.1	23.7	22.6	21.5
37.4	36.3	35.2	33.8	31.9	30.5	29.4	28.3	27.2	26.5	25.4	24.0	22.9	21.8
37.6	36.7	35.6	34.1	32.3	30.8	29.7	28.6	27.5	26.8	25.7	24.2	23.1	22.0
37.8	37.1	36.0	34.5	32.6	31.2	30.0	28.9	27.8	27.1	26.0	24.5	23.4	22.3

平均回弹值 R_m	测区混凝土强度换算表 $f^c_{cu,i}$（MPa）												
	平均碳化深度值 d_m（mm）												
	0	0.5	1.0	1.5	2.0	2.5	3.0	3.5	4.0	4.5	5.0	5.5	≥6.0
38.0	37.5	36.4	34.9	33.0	31.5	30.3	29.2	28.1	27.4	26.2	24.8	23.6	22.5
38.2	37.9	36.8	35.2	33.4	31.8	30.6	29.5	28.4	27.7	26.5	25.0	23.9	22.7
38.4	38.3	37.2	35.6	33.7	32.1	30.9	29.8	28.7	28.0	26.8	25.3	24.1	23.0
38.6	38.7	37.5	36.0	34.1	32.4	31.2	30.1	29.0	28.3	27.0	25.5	24.4	23.2
38.8	39.1	37.9	36.4	34.4	32.7	31.5	30.4	29.3	28.5	27.2	25.8	24.6	23.5
39.0	39.5	38.2	36.7	34.7	33.0	31.8	30.6	29.6	28.8	27.4	26.0	24.8	23.7
39.2	39.9	38.5	37.0	35.0	33.3	32.1	30.8	29.8	29.0	27.6	26.2	25.0	24.0
39.4	40.3	38.8	37.3	35.3	33.6	32.4	31.0	30.0	29.2	27.8	26.4	25.2	24.2
39.6	40.7	39.1	37.6	35.6	33.6	32.4	31.0	30.0	29.2	27.8	26.4	25.2	24.2
39.8	41.2	39.6	38.0	35.9	34.2	33.0	31.4	30.5	29.7	28.2	26.8	25.6	24.7
40.0	41.6	39.9	38.3	36.2	34.5	33.3	31.7	30.8	30.0	28.4	27.0	25.8	25.0
40.2	41.6	39.9	38.3	36.2	34.5	33.3	31.7	30.8	30.0	28.4	27.0	25.8	25.0
40.4	42.4	40.7	39.0	36.9	35.1	33.9	32.3	31.4	30.5	28.8	27.6	26.2	25.4
40.6	42.8	41.1	39.4	37.2	35.4	34.2	32.6	31.7	30.8	29.1	27.8	26.5	25.7
40.8	43.3	41.6	39.8	37.7	35.7	34.5	32.9	32.0	31.2	29.4	28.1	26.8	26.0
41.0	43.7	42.0	40.2	38.0	36.0	34.8	33.2	32.3	31.5	29.7	28.4	27.1	26.2
41.2	44.1	42.3	40.6	38.4	36.3	35.1	33.5	32.6	31.8	30.0	28.7	27.3	26.5
41.4	44.5	42.7	40.9	38.7	36.6	35.4	33.8	32.9	32.0	30.3	28.9	27.6	26.7
41.6	45.0	43.2	41.4	39.2	36.9	35.7	34.2	33.3	32.4	30.6	29.2	27.9	27.0
41.8	45.4	43.6	41.8	39.5	37.2	36.0	34.5	33.6	32.7	30.9	29.5	28.1	27.2
42.0	45.9	44.1	42.2	39.9	37.6	36.3	.4.9	34.0	33.0	31.2	29.8	28.5	27.5
42.2	46.3	44.4	42.6	40.3	38.0	36.6	35.2	34.3	33.3	31.5	30.1	28.7	27.8
42.4	46.7	44.8	43.0	38.0	36.6	36.9	35.5	34.6	33.6	31.8	30.4	29.0	28.0
42.6	47.2	45.3	43.4	41.1	38.7	37.3	35.9	34.9	34.0	32.1	30.7	29.3	28.3
42.8	47.6	45.7	43.8	41.4	39.0	37.6	36.2	35.2	34.3	32.4	30.9	29.5	28.6
43.0	48.1	46.2	44.2	41.8	39.4	38.0	36.6	35.6	34.6	32.7	31.3	29.8	28.9
43.2	48.5	46.6	44.6	42.2	39.8	38.3	36.9	35.9	34.9	33.0	31.5	30.1	29.1
43.4	49.0	47.0	45.1	42.6	40.2	38.7	37.2	36.3	35.3	33.3	31.8	30.4	29.4
43.6	49.4	47.4	45.4	43.0	40.5	39.0	37.5	36.6	35.6	33.6	32.1	30.6	29.6
43.8	49.9	47.9	45.9	43.4	40.9	39.4	37.9	36.9	35.9	33.9	32.4	30.9	29.9
44.0	50.4	48.4	46.4	43.8	41.3	39.8	38.3	37.3	36.3	34.3	32.8	31.2	30.2
44.2	50.8	48.8	46.7	44.2	41.7	40.1	38.6	37.6	36.6	34.5	33.0	31.5	30.5
44.4	51.3	49.2	47.2	44.6	42.1	40.5	39.0	38.0	36.9	34.9	33.3	31.8	30.8
44.6	51.7	49.6	47.6	45.0	42.4	40.8	39.3	38.3	37.2	35.2	33.6	32.1	31.0

平均回弹值 R_m	测区混凝土强度换算表 $f^c_{cu,i}$(MPa)												
	平均碳化深度值 d_m(mm)												
	0	0.5	1.0	1.5	2.0	2.5	3.0	3.5	4.0	4.5	5.0	5.5	≥6.0
44.8	52.2	50.1	48.0	45.4	42.8	41.2	39.7	38.6	37.6	35.5	33.9	32.4	31.3
45.0	52.7	50.6	48.5	45.8	43.2	41.6	40.1	39.0	37.9	35.8	34.3	32.7	31.6
45.2	53.2	51.1	48.9	46.3	43.6	42.0	40.4	39.4	38.3	36.2	34.6	33.0	31.9
45.4	53.6	51.5	49.4	46.6	44.0	42.3	40.7	39.7	38.6	36.4	34.8	33.2	32.2
45.6	54.1	51.9	49.8	47.1	44.4	42.7	41.1	40.0	39.0	36.8	35.2	33.5	32.5
45.8	54.6	52.4	50.2	47.5	44.8	43.1	41.5	40.4	39.3	37.1	35.5	33.9	32.8
46.0	55.0	52.8	50.6	47.9	45.2	43.5	41.9	40.8	39.7	37.5	35.8	34.2	33.1
46.2	55.5	53.3	51.1	48.3	45.5	43.8	42.2	41.1	40.0	37.7	36.1	34.4	33.3
46.4	56.0	53.8	51.5	48.7	45.9	44.2	42.6	41.4	40.3	38.1	36.4	34.7	33.6
46.6	56.5	54.2	52.0	49.2	46.3	44.6	42.9	41.8	40.7	38.4	36.7	35.0	33.9
46.8	57.0	54.7	52.4	49.6	46.7	45.0	43.3	42.2	41.0	38.8	37.0	35.3	34.2
47.0	57.5	55.2	52.9	50.0	47.2	45.2	43.7	42.6	41.4	39.1	37.4	35.6	34.5
47.2	58.0	55.7	53.4	50.5	47.6	45.8	44.4	42.9	41.8	39.4	37.7	36.0	34.8
47.4	58.5	56.2	53.8	50.9	48.0	46.2	44.5	43.3	42.1	39.8	38.0	36.3	35.1
47.6	59.0	56.6	54.3	51.3	48.4	46.6	44.8	43.7	42.5	40.1	38.4	36.6	35.4
47.8	59.5	57.1	54.7	51.8	48.8	47.0	45.2	44.0	42.8	40.5	38.7	36.9	35.7
48.0	60.0	57.6	55.2	52.5	49.2	47.4	45.6	44.4	43.2	40.8	39.0	37.2	36.0
48.2	—	58.0	55.7	52.6	49.6	47.8	46.0	44.8	43.6	41.1	39.3	37.5	36.3
48.4	—	58.6	56.1	53.1	50.0	48.2	46.4	45.1	43.9	41.5	39.6	37.8	36.6
48.6	—	59.0	56.6	53.5	50.4	48.6	46.7	45.5	44.3	41.8	40.0	38.1	36.9
48.8	—	59.5	57.1	54.0	50.9	49.0	47.1	45.9	44.6	42.2	40.3	38.4	37.2
49.0	—	60.0	57.5	54.4	51.3	49.4	47.5	46.2	45.0	42.5	40.6	38.8	37.5
49.2	—	—	58.0	54.8	51.7	49.8	47.9	46.6	45.4	42.8	41.0	39.1	37.8
49.4	—	—	58.5	55.3	52.1	50.2	48.3	47.1	45.8	43.2	41.3	39.4	38.2
49.6	—	—	58.9	55.7	52.5	50.6	48.7	47.4	46.2	43.6	41.7	39.7	38.5
49.8	—	—	59.4	56.2	53.0	51.0	49.1	47.8	46.5	43.9	42.0	40.1	38.8
50.0	—	—	59.9	56.7	53.4	51.4	49.4	48.2	46.9	44.3	42.3	40.4	39.1
50.2	—	—	—	57.1	53.8	51.9	49.9	48.5	47.2	44.6	42.6	40.7	39.4
50.4	—	—	—	57.6	54.3	52.3	50.3	49.0	47.7	45.0	43.0	41.0	39.7
50.6	—	—	—	58.0	54.7	52.7	50.7	49.4	48.0	45.4	43.4	41.4	40.0
50.8	—	—	—	58.5	55.1	53.1	51.1	49.8	48.4	45.7	43.7	41.7	40.3
51.0	—	—	—	59.0	55.6	53.5	51.5	50.1	48.8	46.1	44.1	42.0	40.7
51.2	—	—	—	59.4	56.0	54.0	51.9	50.5	49.2	46.4	44.4	42.3	41.0
51.4	—	—	—	59.9	56.4	54.4	52.3	50.9	49.6	46.8	44.7	42.7	41.3

平均回弹值 R_m	测区混凝土强度换算表 $f^c_{cu,i}$(MPa)												
	平均碳化深度值 d_m(mm)												
	0	0.5	1.0	1.5	2.0	2.5	3.0	3.5	4.0	4.5	5.0	5.5	≥6.0
51.6	—	—	—	—	56.9	54.8	52.7	51.3	50.0	47.2	45.1	43.0	41.6
51.8	—	—	—	—	57.3	55.2	53.1	51.7	50.3	47.5	45.4	43.3	41.8
52.0	—	—	—	—	57.8	55.7	53.6	52.1	50.7	47.9	45.8	43.7	42.3
52.2	—	—	—	—	58.2	56.1	54.0	52.5	51.1	48.3	46.2	44.0	42.6
52.4	—	—	—	—	58.7	56.5	54.4	53.0	51.5	48.7	46.5	44.4	43.0
52.6	—	—	—	—	59.1	57.0	54.8	53.4	51.9	49.0	46.9	44.7	43.3
52.8	—	—	—	—	59.6	57.4	55.2	53.8	52.3	49.4	47.3	45.1	43.6
53.0	—	—	—	—	60.0	57.8	55.6	54.2	52.7	49.8	47.6	45.4	43.9
53.2	—	—	—	—	—	58.3	56.1	54.6	53.1	50.2	48.0	45.8	44.3
53.4	—	—	—	—	—	58.7	56.5	55.0	53.5	50.5	48.3	46.1	44.6
53.6	—	—	—	—	—	59.2	56.9	55.4	53.9	50.9	48.7	46.4	44.9
53.8	—	—	—	—	—	59.6	57.3	55.8	54.3	51.3	49.0	46.8	45.3
54.0	—	—	—	—	—	—	57.8	56.3	54.7	51.7	49.4	47.1	45.6
54.2	—	—	—	—	—	—	58.2	56.7	55.1	52.1	49.8	47.5	46.0
54.4	—	—	—	—	—	—	58.6	57.1	55.6	52.5	50.2	47.9	46.3
54.6	—	—	—	—	—	—	59.1	57.5	56.0	52.9	50.5	48.2	46.6
54.8	—	—	—	—	—	—	59.5	57.9	56.4	53.2	50.9	48.5	47.0
55.0	—	—	—	—	—	—	—	58.4	56.8	53.6	51.3	48.9	47.3
55.2	—	—	—	—	—	—	—	58.8	57.2	54.0	51.6	49.3	47.7
55.4	—	—	—	—	—	—	—	59.2	57.6	54.4	52.0	49.6	48.0
55.6	—	—	—	—	—	—	—	59.7	58.0	54.8	52.4	49.6	48.0
55.8	—	—	—	—	—	—	—	—	58.5	55.2	52.8	50.3	48.7
56.0	—	—	—	—	—	—	—	—	58.9	55.6	53.2	50.7	49.1
56.2	—	—	—	—	—	—	—	—	59.3	56.0	53.5	51.1	49.4
56.4	—	—	—	—	—	—	—	—	59.7	56.4	53.9	51.4	49.8
56.8	—	—	—	—	—	—	—	—	—	56.8	54.3	51.8	50.1
56.8	—	—	—	—	—	—	—	—	—	57.2	54.7	52.2	50.5
57.0	—	—	—	—	—	—	—	—	—	57.6	55.1	52.5	50.8
57.2	—	—	—	—	—	—	—	—	—	58.0	55.5	52.9	51.2
57.4	—	—	—	—	—	—	—	—	—	58.4	55.9	53.3	51.6
57.6	—	—	—	—	—	—	—	—	—	58.9	56.3	53.7	51.9
57.8	—	—	—	—	—	—	—	—	—	59.3	56.7	54.0	52.3
58.0	—	—	—	—	—	—	—	—	—	59.7	57.0	54.4	52.7
58.2	—	—	—	—	—	—	—	—	—	—	57.4	54.8	53.0

平均回弹值 R_m	测区混凝土强度换算表 $f^c_{cu,i}$(MPa)												
	平均碳化深度值 d_m(mm)												
	0	0.5	1.0	1.5	2.0	2.5	3.0	3.5	4.0	4.5	5.0	5.5	≥6.0
58.4	—	—	—	—	—	—	—	—	—	—	57.8	55.2	53.4
58.6	—	—	—	—	—	—	—	—	—	—	58.2	55.6	53.8
58.8	—	—	—	—	—	—	—	—	—	—	58.6	55.9	54.1
59.0	—	—	—	—	—	—	—	—	—	—	59.0	56.3	54.5
59.2	—	—	—	—	—	—	—	—	—	—	59.4	56.7	54.9
59.4	—	—	—	—	—	—	—	—	—	—	59.8	57.1	55.2
59.6	—	—	—	—	—	—	—	—	—	—	—	57.5	55.6
59.8	—	—	—	—	—	—	—	—	—	—	—	57.9	56.0
60.0	—	—	—	—	—	—	—	—	—	—	—	58.3	56.4

注:本表系按全国统一曲线制定。

② 当有下列情况之一时,测区混凝土强度值不得按《回弹法检测混凝土抗压强度技术规程》JGJ/T 23—2011 附录 A 换算,应制定并使用专用测强曲线进行计算:粗骨料最大粒径大于 60mm;特种成型工艺制作的混凝土;检测部位曲率半径小于 250mm;潮湿或浸水混凝土。

③ 当构件混凝土抗压强度大于 60MPa 时,可采用标准能量大于 2.207J 的混凝土回弹仪,并应另行制定检测方法及专用测强曲线进行检测。

④ 泵送混凝土制作的结构或构件的混凝土强度的检测时,宜在混凝土浇筑侧面进行检测。测得的回弹值查表 2-4。

表 2-4　泵送混凝土测区强度换算表

平均回弹值 R_m	测区混凝土强度换算值 $f^c_{cu,i}$(MPa)												
	平均碳化深度值 d_m(mm)												
	0.0	0.5	1.0	1.5	2.0	2.5	3.0	3.5	4.0	4.5	5.0	5.5	≥6.0
18.6	10.0	—	—	—	—	—	—	—	—	—	—	—	—
18.8	10.2	10.0	—	—	—	—	—	—	—	—	—	—	—
19.0	10.4	10.2	10.0	—	—	—	—	—	—	—	—	—	—
19.2	10.6	10.4	10.2	10.0	—	—	—	—	—	—	—	—	—
19.4	10.9	10.7	10.4	10.2	10.0	—	—	—	—	—	—	—	—
19.6	11.1	10.9	10.6	10.4	10.2	10.0	—	—	—	—	—	—	—
19.8	11.3	11.1	10.9	10.6	10.4	10.2	10.0	—	—	—	—	—	—
20.0	11.5	11.3	11.1	10.9	10.6	10.4	10.2	10.0	—	—	—	—	—
20.2	11.8	11.5	11.3	11.1	10.9	10.6	10.4	10.2	10.0	—	—	—	—
20.4	12.0	11.7	11.5	11.3	11.1	10.8	10.6	10.4	10.2	10.0	—	—	—

平均回弹值 R_m	测区混凝土强度换算值 $f^c_{cu,i}$ (MPa)												
	平均碳化深度值 d_m (mm)												
	0.0	0.5	1.0	1.5	2.0	2.5	3.0	3.5	4.0	4.5	5.0	5.5	≥6.0
20.6	12.2	12.0	11.7	11.5	11.3	11.0	10.8	10.6	10.4	10.2	10.0	—	—
20.8	12.4	12.2	12.0	11.7	11.5	11.3	11.0	10.8	10.6	10.4	10.2	10.0	—
21.0	12.7	12.4	12.2	11.9	11.7	11.5	11.2	11.0	10.8	10.6	10.4	10.2	10.0
21.2	12.9	12.7	12.4	12.2	11.9	11.7	11.5	11.2	11.0	10.8	10.6	10.4	10.2
21.4	13.1	12.9	12.6	12.4	12.1	11.9	11.7	11.4	11.2	11.0	10.8	10.6	10.3
21.6	13.4	13.1	12.9	12.6	12.4	12.1	11.9	11.6	11.4	11.2	11.0	10.7	10.5
21.8	13.6	13.4	13.1	12.8	12.6	12.3	12.1	11.9	11.6	11.4	11.2	10.9	10.7
22.0	13.9	13.6	13.3	13.1	12.8	12.6	12.3	12.1	11.8	11.6	11.4	11.1	10.9
22.2	14.1	13.8	13.6	13.3	13.0	12.8	12.5	12.3	12.0	11.8	11.6	11.3	11.1
22.4	14.4	14.1	13.8	13.5	13.3	13.0	12.7	12.5	12.2	12.0	11.8	11.5	11.3
22.6	14.6	14.3	14.0	13.8	13.5	13.2	13.0	12.7	12.5	12.2	12.0	11.7	11.5
22.8	14.9	14.6	14.3	14.0	13.7	13.5	13.2	12.9	12.7	12.4	12.2	11.9	11.7
23.0	15.1	14.8	14.5	14.2	14.0	13.7	13.4	13.1	12.9	12.6	12.4	12.1	11.9
23.2	15.4	15.1	14.8	14.5	14.2	13.9	13.6	13.4	13.1	12.8	12.6	12.3	12.1
23.4	15.6	15.3	15.0	14.7	14.4	14.1	13.9	13.6	13.3	13.1	12.8	12.6	12.3
23.6	15.9	15.6	15.3	15.0	14.7	14.4	14.1	13.8	13.5	13.3	13.0	12.8	12.5
23.8	16.2	15.8	15.5	15.2	14.9	14.6	14.3	14.1	13.8	13.5	13.2	13.0	12.7
24.0	16.4	16.1	15.8	15.5	15.2	14.9	14.6	14.3	14.0	13.7	13.5	13.2	12.9
24.2	16.7	16.4	16.0	15.7	15.4	15.1	14.8	14.5	14.2	13.9	13.7	13.4	13.1
24.4	17.0	16.6	16.3	16.0	15.7	15.3	15.0	14.7	14.5	14.2	13.9	13.6	13.3
24.6	17.2	16.9	16.5	16.2	15.9	15.6	15.3	15.0	14.7	14.4	14.1	13.8	13.6
24.8	17.5	17.1	16.8	16.5	16.2	15.9	15.5	15.2	14.9	14.6	14.3	14.1	13.8
25.0	17.8	17.4	17.1	16.7	16.4	16.1	15.8	15.5	15.2	14.9	14.6	14.3	14.0
25.2	18.0	17.7	17.3	17.0	16.7	16.3	16.0	15.7	15.4	15.1	14.8	14.5	14.2
25.4	18.3	18.0	17.6	17.3	16.9	16.6	16.3	15.9	15.6	15.3	15.0	14.7	14.4
25.6	18.6	18.2	17.9	17.5	17.2	16.8	16.5	16.2	15.9	15.6	15.2	14.9	14.7
25.8	18.9	18.5	18.2	17.8	17.4	17.1	16.8	16.4	16.1	15.8	15.5	15.2	14.9
26.0	19.2	18.8	18.4	18.1	17.7	17.4	17.0	16.7	16.3	16.0	15.7	15.4	15.1
26.2	19.5	19.1	18.7	18.3	18.0	17.6	17.3	16.9	16.6	16.3	15.9	15.6	15.3
26.4	19.8	19.4	19.0	18.6	18.2	17.9	17.5	17.2	16.8	16.5	16.2	15.9	15.6
26.6	20.0	19.6	19.3	18.9	18.5	18.1	17.8	17.4	17.1	16.8	16.4	16.1	15.8
26.8	20.3	19.9	19.5	19.2	18.8	18.4	18.0	17.7	17.3	17.0	16.7	16.3	16.0

平均回弹值 R_m	测区混凝土强度换算值 $f^c_{cu,i}$ (MPa)												
	平均碳化深度值 d_m (mm)												
	0.0	0.5	1.0	1.5	2.0	2.5	3.0	3.5	4.0	4.5	5.0	5.5	≥6.0
27.0	20.6	20.2	19.8	19.4	19.1	18.7	18.3	17.9	17.6	17.2	16.9	16.6	16.2
27.2	20.9	20.5	20.1	19.7	19.3	18.9	18.6	18.2	17.8	17.5	17.1	16.8	16.5
27.4	21.2	20.8	20.4	20.0	19.6	19.2	18.8	18.5	18.1	17.7	17.4	17.1	16.7
27.6	21.5	21.1	20.7	20.3	19.9	19.5	19.1	18.7	18.4	18.0	17.6	17.3	17.0
27.8	21.8	21.4	21.0	20.6	20.2	19.8	19.4	19.0	18.6	18.3	17.9	17.5	17.2
28.0	22.1	21.7	21.3	20.9	20.4	20.0	19.6	19.3	18.9	18.5	18.1	17.8	17.4
28.2	22.4	22.0	21.6	21.1	20.7	20.3	19.9	19.5	19.1	18.8	18.4	18.0	17.7
28.4	22.8	22.3	21.9	21.4	21.0	20.6	20.2	19.8	19.4	19.0	18.6	18.3	17.9
28.6	23.1	22.6	22.2	21.7	21.3	20.9	20.5	20.1	19.7	19.3	18.9	18.5	18.2
28.8	23.4	22.9	22.5	22.0	21.6	21.2	20.7	20.3	19.9	19.5	19.2	18.8	18.4
29.0	23.7	23.2	22.8	22.3	21.9	21.5	21.0	20.6	20.2	19.8	19.4	19.0	18.7
29.2	24.0	23.5	23.1	22.6	22.2	21.7	21.3	20.9	20.5	20.1	19.7	19.3	18.9
29.4	24.3	23.9	23.4	22.9	22.5	22.0	21.6	21.2	20.8	20.3	19.9	19.5	19.2
29.6	24.7	24.2	23.7	23.2	22.8	22.3	21.9	21.4	21.0	20.6	20.2	19.8	19.4
29.8	25.0	24.5	24.0	23.5	23.1	22.6	22.2	21.7	21.3	20.9	20.5	20.1	19.7
30.0	25.3	24.8	24.3	23.8	23.4	22.9	22.5	22.0	21.6	21.2	20.7	20.3	19.9
30.2	25.6	25.1	24.6	24.2	23.7	23.2	22.8	22.3	21.9	21.4	21.0	20.6	20.2
30.4	26.0	25.5	25.0	24.5	24.0	23.5	23.0	22.6	22.1	21.7	21.3	20.9	20.4
30.6	26.3	25.8	25.3	24.8	24.3	23.8	23.3	22.9	22.4	22.0	21.6	21.1	20.7
30.8	26.6	26.1	25.6	25.1	24.6	24.1	23.6	23.2	22.7	22.3	21.8	21.4	21.0
31.0	27.0	26.4	25.9	25.4	24.9	24.4	23.9	23.5	23.0	22.5	22.1	21.7	21.2
31.2	27.3	26.8	26.2	25.7	25.2	24.7	24.2	23.8	23.3	22.8	22.4	21.9	21.5
31.4	27.7	27.1	26.6	26.0	25.5	25.0	24.5	24.1	23.6	23.1	22.7	22.2	21.8
31.6	28.0	27.4	26.9	26.4	25.9	25.3	24.8	24.4	23.9	23.4	22.9	22.5	22.0
31.8	28.3	27.8	27.2	26.7	26.2	25.7	25.1	24.7	24.2	23.7	23.2	22.8	22.3
32.0	28.7	28.1	27.6	27.0	26.5	26.0	25.5	25.0	24.5	24.0	23.5	23.0	22.6

（4）被测构件混凝土强度值的推定

① 结构或构件的测区混凝土强度平均值可根据各测区的混凝土强度换算值计算。当测区数为 10 个及 10 个以上时，应计算强度标准差。

平均值及标准差应按下列公式计算：

$$m_{f^c_{cu}} = \frac{\sum_{i=1}^{n} f^c_{cu,i}}{n} \tag{2.5}$$

$$s_{f_{cu}^c} = \sqrt{\frac{\sum_{i=1}^{n}(f_{cu,i}^c - m_{f_{cu}^c})^2}{n-1}} \tag{2.6}$$

式中　$m_{f_{cu}^c}$——结构或构件测区混凝土强度换算值的平均值（MPa），精确至 0.1MPa；

　　　　n——对于单个检测的构件，取一个构件的测区数；对批量检测的构件，取被抽检构件测区数之和；

　　　　$s_{f_{cu}^c}$——结构或构件测区混凝土强度换算值的标准差（MPa），精确至 0.01MPa。

如构件采用钻芯法进行修正时，测区混凝土强度换算值应乘以修正系数。修正系数应按下列公式计算：

$$\eta = \frac{1}{n}\sum_{i=1}^{n} f_{cu,i} / f_{cu,i}^c \tag{2.7}$$

或

$$\eta = \frac{1}{n}\sum_{i=1}^{n} f_{cor,i} / f_{cu,i}^c \tag{2.8}$$

式中　η——修正系数，精确到 0.01；

　　　　$f_{cu,i}$——第 i 个混凝土立方体试件（边长为 150mm）的抗压强度值，精确到 0.1MPa；

　　　　$f_{cor,i}$——第 i 个混凝土芯样试件的抗压强度值，精确到 0.1MPa；

　　　　$f_{cu,i}^c$——对应于第 i 个试件或芯样部位回弹值和碳化深度值的混凝土强度换算值。

② 结构或构件的混凝土强度推定值（$f_{cu,e}$）应按下列公式确定：

a. 当该结构或构件测区数少于 10 个时：

$$f_{cu,e} = f_{cu,min}^c \tag{2.9}$$

式中　$f_{cu,min}^c$——构件中最小的测区混凝土强度换算值。

b. 当该结构或构件的测区强度值中出现小于 10.0MPa 时：

$$f_{cu,e} < 10.0\text{MPa} \tag{2.10}$$

c. 当该结构或构件测区数不少于 10 个或按批量检测时，应按下列公式计算：

$$f_{cu,e} = m_{f_{cu}^c} - 1.645 s_{f_{cu}^c} \tag{2.11}$$

（5）按批量检测构件

对按批量检测的构件，当该批构件混凝土强度标准差出现下列情况之一时，则该批构件应全部按单个构件检测：

① 当该批构件混凝土强度平均值小于 25MPa 时：$s_{f_{cu}^c} > 4.5$MPa；

② 当该批构件混凝土强度平均值不小于 25MPa 时：$s_{f_{cu}^c} > 5.5$MPa。

注：结构或构件的混凝土强度推定值是指相应于强度换算值总体分布中保证率不低于 95%的结构或构件中的混凝土抗压强度值。

7. 例题

某现浇楼面板，混凝土设计强度等级为 C30，采用泵送混凝土浇筑，现场检测时选取了该楼面板 10 个测区，弹击楼板底面。回弹仪读数和碳化深度检测值如表 2-5 所示，试计算该构件的现龄期混凝土强度推定值。

表 2-5　某现浇楼面板现场检测数据

构件名称及编号：　　　　　……轴楼面板　　　　　测试日期：　年　月　日

构件	测区	回弹值																碳化深度（mm）
		1	2	3	4	5	6	7	8	9	10	11	12	13	14	15	16	
	1	44	42	40	43	42	42	44	46	38	41	43	41	40	42	43	38	1.0,0.5,1.0
	2	39	40	41	39	38	46	42	44	40	46	44	42	40	43	43	45	
	3	42	40	44	42	40	44	38	40	46	39	38	37	41	45	36	37	
	4	42	40	38	36	38	40	40	42	44	40	42	40	44	42	40	44	
	5	38	46	45	39	42	40	40	40	36	37	44	43	41	37	44	42	
	6	41	38	42	44	40	43	42	44	42	44	42	40	44	40	42	42	0.5,0.5,0.0
	7	42	41	41	46	42	42	40	42	40	42	42	44	40	42	40	42	
	8	40	41	37	40	40	38	42	40	42	40	42	44	40	44	43	40	
	9	44	45	38	44	46	41	40	42	37	41	43	41	47	40	40	39	0.5,0.0,0.0
	10	42	38	36	40	40	42	44	40	39	46	40	42	44	38	31	40	

① 计算测区平均回弹值，应从该测区的 16 个回弹值中剔除 3 个最大值和 3 个最小值，余下的 10 个回弹值计算平均值；

② 角度修正：$R_m = R_{m\alpha} + R_{a\alpha}$；

③ 浇筑面修正：$R_m = R_m^b + R_a^b$；

④ 根据平均碳化深度查表得测区强度值；

⑤ 泵送修正：由于碳化深度值小于 2.0mm，泵送混凝土要针对测区强度值进行修正，查表 2-4；

⑥ 测区数不小于 10 个，按式（2.11）计算，精确到 0.1MPa。

计算结果见表 2-6：

表 2-6　计算结果

构件名称及编号：　　　　　……轴楼面板　　　　　测试日期：　年　月　日

项目	测区	1	2	3	4	5	6	7	8	9	10
回弹值	测区平均值	41.9	41.9	40.4	40.8	40.9	41.8	41.2	41	41.6	40.5
	角度平均值	−3.9	−3.9	−4.0	−4.0	−4.0	−3.9	−3.9	−4.0	−3.9	−4.0
	角度修正后	38.0	38.0	36.4	36.8	36.9	37.9	37.3	37.0	37.7	36.5
	浇筑面修正值	−1.2	−1.2	−1.4	−1.3	−1.3	−1.2	−1.3	−1.3	−1.2	−1.3
	浇筑面修正后	36.8	36.8	35.0	35.5	35.6	36.7	36.0	35.7	35.5	35.2
平均碳化深度（mm）		0.5	0.5	0.5	0.5	0.5	0.5	0.5	0.5	0.5	0.5
测区强度值		35.2	35.2	35.4	32.7	32.9	35.0	33.6	35.0	32.7	32.1
泵送混凝土修正值		+4.5	+4.5	+4.5	+4.5	+4.5	+4.5	+4.5	+4.5	+4.5	+4.5
泵送混凝土测区强度值		39.7	39.7	39.9	37.2	37.4	39.5	38.1	39.5	37.2	36.6
强度计算 $n=10$（MPa）		$m_{f_{cu}^c}=38.5$				$s_{f_{cu}^c}=1.30$				$f_{cu,min}^c=36.6$	
构件混凝土强度推定值（MPa）		$f_{cu,e}=36.3$									

2.2　超声回弹综合法检测构件混凝土强度

1. 检测原理

超声回弹综合法是指采用超声仪和回弹仪,在混凝土构件的同一测区分别测量超声波在被测构件中的传播速度,即声速值 V 和反映被测构件表面硬度的回弹值 R。然后根据混凝土强度与声速值 V 及回弹值 R 之间的相关关系,推定被测构件的混凝土强度,即 $f_{cu} = f(R \cdot V)$。

超声回弹综合法与单一回弹或超声法相比,综合法具有以下特点:减少含水率的影响;既可内外结合,又能在较低或较高的强度区间相互弥补各自单一方法的不足,较全面地反映结构混凝土的实际质量;提高测试精度。

2. 检测依据

《超声回弹综合法检测混凝土强度技术规程》CECS 02—2005。

3. 仪器设备及检测环境

(1) 非金属超声波检测仪(简称超声仪)

超声仪是测量超声波在被测构件中的传播时间的一种测试仪器。在检测工作中所使用的超声仪应通过有关部门的技术鉴定,并必须具有产品合格证。同时应符合现行行业标准《混凝土超声波检测仪》JG/T 5004 的要求,并在计量检定有效期内使用。仪器本身应具有显示清晰、图形稳定的示波装置;声时最小分度值 $0.1\mu s$;具有最小分度值为 1dB 的信号幅度调整系统;接收放大器频响范围 $10 \sim 500kHz$,总增益不小于 80dB,接收灵敏度(信噪比 3:1 时)不大于 $50\mu V$;电源电压波动范围在标称值 $\pm 10\%$ 情况下能正常工作;连续正常工作时间不小于 4h。

如仪器在较长时间内停用,每月应通电一次,每次不少于 1h;仪器需存放在通风、阴凉、干燥处,无论存放或工作,均需防尘;在搬运过程中须防止碰撞和剧烈振动。

超声仪应定期进行保养和检定。

(2) 换能器

换能器是利用压电陶瓷装置,实现电能与声波相互转换的一种器具,用该装置在被测构件上发射和接收超声波信号。一般用于混凝土强度检测的换能器根据其形状不同可分为平面换能器和柱状换能器,对于平面换能器的工作频率宜在 $50 \sim 100kHz$ 范围以内,柱状换能器的工作频率较低。换能器的实测频率与标称频率相差应不大于 $\pm 10\%$。

换能器应避免摔损和撞击,工作完毕应擦拭干净单独存放。换能器的耦合面应避免磨损。

(3) 回弹仪

本方法采用中型回弹仪,有关回弹仪的使用要求、检定和保养与《回弹法检测混凝土抗压强度技术规程》JGJ/T 23—2011 中对回弹仪的规定一致,此处不再赘述。

（4）其他仪器设备

如钢卷尺等。

（5）检测环境

超声波检测仪使用时，环境温度应为 0～40℃，回弹仪使用时的环境温度应为－4～40℃，因此采用本方法进行检测时的环境温度要求为 0～40℃。

4. 基本要求

（1）测试前应具备下列有关资料

① 工程名称及设计、施工、建设、委托单位名称；

② 结构或构件名称、施工图纸及要求的混凝土强度等级；

③ 水泥品种、强度等级、出厂厂名、用量，砂石品种、粒径，外加剂或掺合料品种、掺量以及混凝土配合比等；

④ 模板类型，混凝土浇筑和养护情况以及成型日期；

⑤ 结构或构件检测原因的说明。

（2）测区布置数量应符合下列规定

① 当按单个构件检测时，应在构件上均匀布置测区。每个构件的测区数不应少于 10 个。

② 对同批构件按批抽样检测时，构件抽样数应不少于同批构件的 30%，且不少于 10 件；对一般施工质量的检测和结构性能的检测，可按照现行国家标准《建筑结构检测技术标准》GB/T 50344 的规定抽样。

③ 对某一方向尺寸不大于 4.5m，且另一方向尺寸不大于 0.3m 的构件，其测区数量可适当减少，但不少于 5 个。

（3）当按批抽样检测时，符合下列条件的构件才可作为同批构件

① 混凝土设计强度等级相同；

② 原材料、配合比、成型工艺、养护条件及龄期基本相同；

③ 构件种类相同；

④ 在施工阶段所处状态基本相同。

（4）构件的测区布置，宜满足下列规定

① 在条件允许时，测区宜优先布置在构件混凝土浇筑方向的侧面；

② 测区可在构件的两个对应面、相邻面或同一面上布置；

③ 测区宜均匀布置，相邻两测区的间距不宜大于 2m；

④ 测区应避开钢筋密集区和预埋件；

⑤ 测区尺寸宜为 200mm×200mm，采用平测时宜为 400mm×400mm；

⑥ 测试面应清洁、平整、干燥，不应有接缝、施工缝、饰面层、泥浆和油污，并应避开蜂窝、麻面部位。必要时，可用砂轮片清除杂物和磨平不平整处，并擦净残留粉尘。

（5）结构或构件上的测区应注明编号，并记录测区位置和外观质量情况

（6）结构或构件的每一测区，宜先进行回弹测试，后进行超声测试

（7）非同一测区内的回弹值及超声声速值，在计算混凝土强度换算值时不得混用

5. 检测方法与试验操作步骤

（1）回弹值的测量与计算

① 用回弹仪测试时,应始终保持回弹仪的轴线垂直于混凝土测试面,并优先选择混凝土浇筑方向的侧面进行水平方向测试。如不能满足这一要求,也可非水平状态测试,或测试混凝土浇筑方向的顶面或底面。

② 测量回弹值应在构件测区内超声波的发射和接收面各弹击 8 个点。超声波单面平测时,可在超声波的发射和接收测点之间弹击 16 个点,每一测点的回弹值测读精确至 1。

③ 各测点在测区范围内宜均匀分布,不得布置在气孔或外露石子上。相邻两测点的间距一般不小于 30mm;测点距构件边缘或外露钢筋、预埋铁件的距离不小于 50mm,且同一测点只允许弹击一次。

④ 计算测区平均回弹值时,应从该测区两个相对测试面的 16 个回弹值中,剔除 3 个较大值和 3 个较小值,然后将余下的 10 个有效回弹值按下列公式计算:

$$R_m = \sum_{i=1}^{10} R_i / 10 \tag{2.12}$$

式中　R_m——测区平均回弹值,精确至 0.1;

　　　　R_i——第 i 个测点的有效回弹值。

⑤ 非水平状态测得的回弹值,应按下列公式修正:

$$R_a = R_m + R_{a\alpha} \tag{2.13}$$

式中　R_a——修正后的测区回弹值;

　　　　$R_{a\alpha}$——测试角度为 α 的回弹修正值。

表 2-7　非水平状态测得的回弹修正值 $R_{a\alpha}$

测　试 角 $R_{a\alpha}$ R_m	向上				向下			
	+90°	+60°	+45°	+30°	−30°	−45°	−60°	−90°
20	−6.0	−5.0	−4.0	−3.0	+2.5	+3.0	+3.5	+4.0
25	−5.5	−4.5	−3.8	−2.8	+2.3	+2.8	+3.3	+3.8
30	−5.0	−4.0	−3.5	−2.5	+2.0	+2.5	+3.0	+3.5
35	−4.5	−3.8	−3.3	−2.3	+1.8	+2.3	+2.8	+3.3
40	−4.0	−3.5	−3.0	−2.0	+1.5	+2.0	+2.5	+3.0
45	−3.8	−3.3	−2.8	−1.8	+1.3	+1.8	+2.3	+3.0
50	−3.5	−3.0	−2.5	−1.5	+1.0	+1.5	+2.0	+2.5

注:1. 当测试角度等于 0 时,修正值为"0";R_m 小于 20 或大于 50 时,分别按 20 或 50 查表;

　　2. 表中未列数值,可用内插法求得,精确至 0.1。

⑥ 由混凝土浇筑方向的顶面或底面测得的回弹值,应按下列公式修正:

$$R_a = R_m + (R_a^t + R_a^b) \tag{2.14}$$

式中　R_a^t——测顶面时的回弹修正值(表 2-8);

　　　　R_a^b——测底面时的回弹修正值(表 2-8)。

表 2 - 8　由混凝土浇筑的顶面或底面测得的回弹修正值 R_a^t、R_a^b

测试面　R_m	顶面	底面	测试面　R_m	顶面	底面
20	+2.5	-3.0	40	+0.5	-1.0
25	+2.0	-2.5	45	0	-0.5
30	+1.5	-2.0	50	0	0
35	+1.0	-1.5	—	—	—

注:1. 在侧面测试时,修正值为 0;R_m 小于 20 或大于 50 时,分别按 20 或 50 查表;
2. 当先进行角度修正时,采用修正后的回弹代表值 R_a;
3. 表中未列数值,可用内插法求得,精确至 0.1。

⑦ 在测试时,如仪器处于非水平状态,同时构件测区又非混凝土的浇筑侧面,则应对测得的回弹值先进行角度修正,然后进行顶面或底面修正。

(2) 超声声速值的测量与计算

① 超声测点应布置在回弹测试的同一测区内,每一测区布置 3 个测点。超声测试宜优先采用对测或角测,当被测构件不具备对测或角测条件时,可采用单面平测。

② 超声测试时,应保证换能器与混凝土测试面耦合良好。

③ 声时测量应精确至 0.1μs,超声测距测量应精确至 1.0mm,测量误差不应超过 ±1%,声速计算应精确至 0.01km/s。

④ 当在混凝土浇筑方向的侧面对测时,测区混凝土中声速代表值应根据该测区中 3 个测点的混凝土中声速值,按下列公式计算:

$$v_i = \frac{l_i}{t_i - t_0} \tag{2.15}$$

$$v = \frac{1}{3}\sum_{i=1}^{3} v_i \tag{2.16}$$

式中　v——测区混凝土中声速代表值(km/s);
　　　v_i——第 i 点的声速代表值(km/s);
　　　l_i——第 i 个测点的超声测距(mm);
　　　t_i——第 i 个测点的声时读数(μs);
　　　t_0——声时初读数(μs)。

⑤ 当在混凝土浇筑的顶面与底面测试时,测区声速值应按下列公式修正:

$$v_a = \beta_v v \tag{2.17}$$

式中　v_a——修正后的测区声速值(km/s);
　　　β_v——超声测试面修正系数。在混凝土浇筑顶面及底面测试时,$\beta_v = 1.034$;在混凝土侧面测试时,$\beta_v = 1$。

6. 数据处理与结果判定

① 构件第 i 个测区的混凝土强度换算值 $f_{cu,i}^c$,应根据修正后的测区回弹值 R_{ai} 及修正后的测区声速值 v_{ai},优先采用专用或地区测强曲线推定。当无该类测强曲线时,经验证后也可按《超声回弹综合法检测混凝土强度技术规程》CECS 02—2005 附录 C 的规定确定,或按下列公式计算:

粗骨料为卵石时

$$f_{cu,i} = 0.0056(v_{ai})^{1.439}(R_{ai})^{1.769} \tag{2.18}$$

粗骨料为碎石时

$$f_{cu,i} = 0.0162(v_{ai})^{1.656}(R_{ai})^{1.410} \tag{2.19}$$

式中　$f_{cu,i}$——第 i 个测区混凝土强度换算值（MPa），精确至 0.1MPa；

　　　V_{ai}——第 i 个测区修正后的超声声速值（km/s），精确至 0.01km/s；

　　　R_{ai}——第 i 个测区修正后的回弹值，精确至 0.1。

② 当结构或构件所用材料及其龄期与制定的测强曲线所用材料有较大差异时，应用同条件立方体试件或从结构构件测区钻取的混凝土芯样的抗压强度进行修正，试件数量应不少于 4 个。此时，得到的测区混凝土强度换算值应乘以修正系数。修正系数可按下列公式计算：

有同条件立方体试块时

$$\eta = \frac{1}{n}\sum_{i=1}^{n} f_{cu,i}/f_{cu,i}^{c} \tag{2.20}$$

有混凝土芯样试件时

$$\eta = \frac{1}{n}\sum_{i=1}^{n} f_{cor,i}/f_{cu,i}^{c} \tag{2.21}$$

式中　η——修正系数，精确至小数点后两位；

　　　$f_{cu,i}$——第 i 个混凝土立方体试块抗压强度实测值（以边长为 150mm 计，MPa），精确至 0.1MPa；

　　　$f_{cu,i}^{c}$——对应于第 i 个立方体试块或芯样试件的混凝土强度换算值（MPa），精确至 0.1MPa；

　　　$f_{cor,i}$——第 i 个混凝土芯样试件抗压强度实测值（以 $\phi100m \times 100mm$ 计，MPa），精确至 0.1MPa；

　　　n——试件数。

③ 结构或构件的混凝土强度推定值 $f_{cu,e}$ 应按下列条件确定：

当结构构件的测区抗压强度换算值中出现小于 10.0MPa 时，该构件的混凝土抗压强度推定值 $f_{cu,e}$ 取小于 10MPa；

当结构或构件中测区小于 10 个时：

$$f_{cu,e} = f_{cu,min}^{c} \tag{2.22}$$

当按批抽样检测时，该批构件的混凝土强度推定值应按下列公式计算：

$$f_{cu,e} = m_{f_{cu}^{c}} - 1.645s_{f_{cu}^{c}} \tag{2.23}$$

式中各测区混凝土强度换算值的平均值 $m_{f_{cu}^{c}}$ 及标准差 $s_{f_{cu}^{c}}$ 应按下列公式计算：

$$s_{f_{cu}^{c}} = \sqrt{\frac{\sum_{i=1}^{n}(f_{cu,i}^{c} - m_{f_{cu}^{c}})^2}{n=1}} \tag{2.24}$$

④ 当属同批构件按批抽样检测时，若全部测区强度的标准差出现下列情况之一时，则该批构件应全部按单个构件检测：

当混凝土抗压强度平均值 $m_{f_{cu}^c}$ <25.0MPa,标准差 $s_{f_{cu}^c}$ >4.50MPa;

当混凝土抗压强度平均值 $m_{f_{cu}^c}$ =25.0~50.0MPa,标准差 $s_{f_{cu}^c}$ >5.50MPa;

当混凝土抗压强度平均值 $m_{f_{cu}^c}$ >50.0MPa,标准差 $s_{f_{cu}^c}$ >6.50MPa。

注:结构或构件的混凝土强度推定值是指相应于强度换算值总体分布中保证率不低于95%的结构或构件中的混凝土抗压强度值。

7. 例题

某厂房预制混凝土梁,截面尺寸为 400mm×600mm,该混凝土梁混凝土强度等级为C30,混凝土所用的粗骨料为卵石,各测区回弹仪读数和测距及声时值如表2-9所示,试计算该构件的现龄期混凝土强度推定值。

表2-9 某厂房预制混凝土梁现场检测数据

构件	测区	测点回弹值 R_i								测点测距 l_i/声时 t_i		
		1	2	3	4	5	6	7	8	1	2	3
	1	44	42	40	46	38	36	40	42	400	400	400
		40	38	36	40	42	40	44	42	89.49	91.11	90.9
	2	38	44	52	40	36	38	42	40	400	400	400
		42	40	38	36	38	42	44	46	89.29	88.89	89.69
	3	42	46	44	42	44	40	44	42	400	400	400
		44	44	42	42	40	46	44	42	95.24	93.46	100
	4	40	42	44	44	42	40	44	42	400	400	400
		44	46	46	44	44	44	42	40	97.09	99.5	99.0
	5	40	42	44	44	46	44	42	46	400	400	400
		44	38	42	46	48	44	46	47	93.02	95.69	90.5
	6	42	44	40	46	42	42	46	48	400	400	400
		44	47	46	44	38	44	42	48	93.02	95.69	90.5
	7	46	44	48	42	46	46	38	44	400	400	400
		42	46	44	48	46	44	42	40	93.46	93.02	86.58
	8	48	46	42	46	44	44	38	38	400	400	400
		40	42	42	42	40	42	42	44	92.17	95.24	93.02
	9	48	46	44	44	46	44	46	44	400	400	400
		42	42	40	42	44	42	40	44	93.46	99.0	99.0
	10	48	46	44	46	38	36	40	40	400	400	400
		42	40	44	46	44	42	40	38	93.9	95.69	94.79

① 计算测区回弹代表值,从该测区的16个回弹值中剔除3个较大值和3个较小值,余下的10个回弹值计算平均值,即是回弹代表值;

② 根据式(2.15)、式(2.16),计算出测区声速代表值;

③ 按式(2.18)计算出测区的强度换算值;

④ 测区数不小于 10 个,按式(2.23)、(2.24)计算,精确至 0.1MPa。

计算结果见表 2-10。

表 2-10　计 算 结 果

构件名称及编号:					…… 轴梁				计算日期:　年　月　日		
项目　　　测区	1	2	3	4	5	6	7	8	9	10
回弹代表值	40.6	40.4	43.0	42.8	44.0	44.0	44.4	42.0	43.0	42.0
声速代表值	4.42	4.48	4.16	4.06	4.26	4.30	4.40	4.28	4.12	4.22
混凝土测区强度换算值	35.1	35.7	34.5	32.9	37.0	37.6	39.6	35.0	33.9	34.1
强度计算 $n=10$(MPa)	$m_{f_{cu}^c}=35.54$				$s_{f_{cu}^c}=2.01$				$f_{cu,min}^c=32.9$	
构件混凝土强度推定值(MPa)	$f_{cu,e}=32.24$									

2.3　钻芯法检测现场混凝土强度

1. 检测原理

钻芯法检测混凝土抗压强度是指从结构或构件上钻取混凝土芯样,进行锯切、研磨等加工,使之成为符合规定的芯样试件,通过对芯样试件进行抗压强度试验,以此确定被测结构或构件的混凝土强度的一种方法。工程界普遍认为它是一种最为直观、可靠和准确的检测方法。但该检测方法会对结构混凝土造成局部损伤,是一种微(半)破损的现场检测手段。

2. 检测依据

《钻芯法检测混凝土强度技术规程》CECS 03—2007。

3. 仪器设备及环境

(1) 钻芯机

钻芯机是现场在结构或构件上钻取混凝土芯样的主要设备。钻芯机应具有足够的刚度、操作灵活、固定和移动方便,并应有水冷却系统。钻取芯样时宜采用人造金刚石薄壁钻头,钻头胎体不得有肉眼可见的裂缝、缺边、少角、倾斜及喇叭口变形。

(2) 芯样加工设备

芯样加工设备包括芯样的锯切和磨平两种设备。在实际应用中有些设备,同时具有锯切和磨平两种功能。锯切芯样时使用的锯切机和磨平芯样的磨平机,应具有冷却系统和芯样夹紧装置,配套使用的人造金刚石圆锯片应有足够的刚度。芯样宜采用补平装置(或研磨机)进行芯样端面加工,补平装置除应保证芯样的端面平整外,尚应保证芯样端面与芯样轴线垂直。

(3) 探测钢筋位置的定位仪

该仪器并不直接参与检测活动,而是利用该设备准确测出构件中钢筋的位置,以防在芯样钻取过程中遇到钢筋,从而对构件的承载能力产生影响。在现场使用的探测钢筋位置的定位仪,应便于现场操作,最大探测深度不应小于 60mm,探测位置偏差不宜大于±5mm。

（4）游标卡尺

主要用于对芯样尺寸的测量。

（5）抗压强度试验机

利用该设备,对符合要求的混凝土芯样试件进行抗压强度试验。

4. 芯样取样及加工要求

（1）芯样的钻取

① 采用钻芯法检测混凝土强度前,宜具备以下资料:

a. 工程名称（或代号）及设计、施工、监理、建设单位名称;

b. 结构或构件种类、外形尺寸及数量;

c. 设计混凝土强度等级;

d. 检测龄期、原材料（水泥品种、粗骨料粒径等）和抗压强度试验报告;

e. 结构或构件质量状况和施工中存在问题的记录;

f. 有关的结构设计施工图等。

② 芯样宜在结构或构件的下列部位钻取:

a. 结构或构件受力较小的部位;

b. 混凝土强度具有代表性的部位;

c. 便于钻芯机安放与操作的部位;

d. 避开主筋、预埋件和管线的位置。

用钻芯法和非破损法综合测定强度时,应与非破损法取同一测区。

③ 芯样的规格尺寸:抗压试验的芯样试件宜使用标准芯样试件,其公称直径不宜小于骨料最大粒径的 3 倍,也可采用小直径芯样试件,但其公称直径不应小于 70mm 且不得小于骨料最大粒径的 2 倍。

④ 钻取芯样的数量:用钻芯法可用于确定检测批或单个构件的混凝土强度推定值,也可以用于钻芯修正方法修正间接强度检测方法得到的混凝土抗压强度换算值。

当用钻芯法确定检测批的混凝土强度推定值时,芯样试件的数量应根据检测批的容量确定,标准芯样试件的最小样本量不宜少于 15 个,小直径芯样试件的最小样本量应适当增加。当用钻芯法确定单个构件的混凝土强度推定值时,有效芯样试件的数量不应少于 3 个;对于较小的构件,有效芯样构件的数量不得少于 2 个;当用于钻芯修正时,标准芯样试件的数量不应少于 6 个,小直径芯样试件数量宜适当增加。

⑤ 混凝土芯样的钻取:钻芯机就位并安放平稳后,应将钻芯机固定,固定的方法应根据钻芯机的构造和施工现场的具体情况确定;钻芯机在未安装钻头前,应先通电检查主轴旋转方向（三相电动机）;钻芯时用于冷却钻头和排除混凝土碎屑的冷却水的流量宜为 3～5L/min;钻取芯样时应控制进钻的速度;钻芯操作应遵守国家有关安全生产和劳动保护的规定,并应遵守钻芯现场安全生产的有关规定。

对于钻取的芯样应进行标记,并采取保护措施,避免在运输和贮存中损坏。

⑥ 芯样的尺寸要求:抗压芯样试件的高度与直径之比（H/d）宜为 1.00,芯样试件内不

宜含有钢筋。(不能满足此项要求时,抗压试件应符合下列要求:标准芯样试件,每个试件内最多只允许有 2 根直径小于 10mm 的钢筋;公称直径小于 100mm 的芯样试件,每个试件内最多只允许有 1 根直径小于 10mm 的钢筋;芯样内的钢筋应与芯样试件的轴线基本垂直并离开端面 10mm 以上。)

锯切后的芯样应进行端面处理,宜采取在磨平机上磨平端面的处理方法。承受轴向压力芯样试件的端面,也可采取下列处理方法:用环氧胶泥或聚合物水泥砂浆补平;抗压强度低于 40MPa 的芯样试件,可采用水泥砂浆、水泥净浆或聚合物水泥砂浆补平,补平层厚度不宜大于 5mm;也可采用硫磺胶泥补平,补平层厚度不宜大于 1.5mm。

5. 芯样的抗压试验

(1)芯样的尺寸测量

在试验前应按下列规定测量芯样试件的尺寸:平均直径用游标卡尺在芯样试件中部相互垂直的两个位置上测量,取测量的算术平均值作为芯样试件的直径,精确至 0.5mm;芯样试件高度用钢卷尺或钢板尺进行测量,精确至 1mm;垂直度用游标量角器测量芯样试件两个端面与母线的夹角,精确至 0.1°;平整度用钢卷尺或角尺紧靠在芯样试件端面上,一面转动钢板尺,一面用塞尺测量钢板尺与芯样试件端面之间的缝隙;也可采用其他专用设备量测。

如果芯样试件尺寸偏差及外观质量超过下列数值时,其抗压强度相应的测试数据无效:芯样试件的实际高径比(H/d)小于要求高径比的 0.95 或大于 1.05;沿芯样试件高度的任一直径与平均直径相差大于 2mm;抗压芯样试件端面的不平整度在 100mm 长度内大于 0.1mm;芯样试件端面与轴线的不垂直度大于 1°;芯样有裂缝或有其他较大缺陷。

(2)芯样的养护方式

一般情况下,芯样试件应在自然干燥状态下进行抗压试验。当结构工作条件比较潮湿,需要确定潮湿状态下混凝土的强度时,芯样试件宜在(20±5)℃的清水中浸泡 40~48h,从水中取出后立即进行试验。

(3)芯样的抗压试验及强度计算

芯样试件抗压试验的操作应符合现行国家标准《普通混凝土力学性能试验方法标准》GB/T 50081—2002 中对立方体试块抗压试验的规定。

混凝土的抗压强度值,应根据混凝土原材料和施工工艺通过试验确定,也可按下式确定:

$$f_{cu,cor} = F_c/A \qquad (2.25)$$

式中　$f_{cu,cor}$——芯样试件的混凝土抗压强度值(MPa);

F_c——芯样试件的抗压试验测得的最大压力(N);

A——芯样试件抗压截面面积(mm^2)。

6. 混凝土强度推定值的确定

① 检测批混凝土强度的推定值应按下列方法确定。

检测批的混凝土强度推定值应计算推定区间,推定区间的上限值和下限值按下列公式计算:

上限值 $\qquad f_{cu,e1} = f_{cu,cor,m} - k_1 s_{f_{cor}} \qquad (2.26)$

下限值 $\qquad f_{cu,e2} = f_{cu,cor,m} - k_2 s_{f_{cor}} \qquad (2.27)$

平均值
$$f_{cu,cor,m} = \frac{\sum_{i=1}^{n} f_{cu,cor,i}}{n} \tag{2.28}$$

标准差
$$s_{f_{cor}} = \sqrt{\frac{\sum_{i=1}^{n} (f_{cu,cor,i} - f_{cu,cor,m})^2}{n-1}} \tag{2.29}$$

式中　$f_{cu,cor,m}$——芯样试件的混凝土抗压强度平均值（MPa），精确至 0.1MPa；

$\quad\quad f_{cu,cor,i}$——单个芯样试件的混凝土抗压强度值（MPa），精确至 0.1MPa；

$\quad\quad f_{cu,e1}$——混凝土抗压强度推定上限值（MPa），精确至 0.1MPa；

$\quad\quad f_{cu,e2}$——混凝土抗压强度推定下限值（MPa），精确至 0.1MPa；

$\quad\quad k_1, k_2$——推定区间上限值系数和下限值系数，按表 2-11 查得；

$\quad\quad s_{f_{cor}}$——芯样试件抗压强度样本的标准差（MPa），精确至 0.1MPa。

② 对于 $f_{cu,e1}$ 和 $f_{cu,e2}$ 所构成推定区间的置信度宜为 0.85，$f_{cu,e1}$ 与 $f_{cu,e2}$ 之间的差值不宜大于 5.0MPa 和 $0.10 f_{cu,cor,m}$ 两者的较大值。

③ 宜以 $f_{cu,e1}$ 作为检测批混凝土强度的推定值。

表 2-11　上下限值系数

试件数 n	$k_1(0.10)$	$k_2(0.05)$	试件数 n	$k_1(0.10)$	$k_2(0.05)$
15	1.222	2.566	37	2.360	2.149
16	1.234	2.524	38	1.363	2.141
17	1.244	2.486	39	1.366	2.133
18	1.254	2.453	40	1.369	2.125
19	1.263	2.423	41	1.372	2.118
20	1.271	2.396	42	1.375	2.111
21	1.279	1.371	43	1.378	2.105
22	1.286	2.349	44	1.381	2.098
23	1.293	2.328	45	1.383	2.092
24	1.300	2.309	46	1.386	2.086
25	1.306	2.292	47	1.389	2.081
26	1.311	2.275	48	1.391	2.075
27	1.317	2.260	49	1.393	2.070
28	1.322	2.246	50	1.396	2.065
29	1.327	2.232	60	1.415	2.022
30	1.332	2.220	70	1.431	1.990
31	1.336	2.208	80	1.444	1.964
32	1.341	2.197	90	1.454	1.944
33	1.345	2.186	100	1.463	1.927
34	1.349	2.176	110	1.471	1.912
35	1.352	2.167	120	1.478	1.899
36	1.356	2.158	—	—	—

注意:钻芯确定检测批混凝土强度推定值时,可剔除芯样试件抗压强度样本中的异常值。剔除规则应按现行国家标准《数据的统计处理和解释　正态样本离群值的判断和处理》GB/T 4883 的规定执行。当确有试验依据时,可对芯样试件抗压强度样本的标准差 $s_{f_{cor}}$ 进行符合实际情况的修正或调整。

④ 单个构件混凝土强度的推定值应按下列方法确定。

单个构件的混凝土强度推定值不再进行数据的舍弃,而应按有效芯样试件混凝土抗压强度值中的最小值确定。

⑤ 钻芯修正。钻芯修正后的换算强度可按下列公式计算

$$f_{cu,i_0}^c = f_{cu,i}^c + \Delta f \tag{2.30}$$

$$\Delta f = f_{cu,cor,m} - f_{cu,m_j}^c \tag{2.31}$$

式中　f_{cu,i_0}^c——修正后的换算强度;

$f_{cu,i}^c$——修正前的换算强度;

Δf——修正量;

$f_{cu,mj}^c$——所用间接检测方法(如回弹、超声-回弹综合法)对应测区的换算强度的算术平均值。

由钻芯修正方法确定检测批的混凝土强度推定值时,应采用修正后的样本算术平均值和标准差对其构件的混凝土强度进行推定。

2.4　后装拔出法检测现场混凝土强度

1. 基本原理

拔出法是指将安装在混凝土中的锚固件拔出,测出极限拔出力,利用事先建立的极限拔出力和混凝土强度间的相关关系推定被测混凝土结构构件的混凝土强度的方法。比较成熟的拔出法分为预埋或先装拔出法和后装拔出法两种,预埋拔出法是指预先将锚固件埋入混凝土中的拔出法,它适用于成批的连续生产的混凝土结构构件,按施工程序要求,预先埋好锚固件,在一定的条件下,进行拔出试验,确定被测构件的混凝土强度。后装拔出法指混凝土硬化后在现场混凝土结构上通过钻孔、扩孔、后装锚固件、拔出试验等步骤,检测现场混凝土构件的混凝土抗压强度的一种方法。在我国多采用后装拔出法。

2. 依据标准

《后装拔出法检测混凝土强度技术规程》CECS 69—2011。

3. 仪器设备及检测环境

(1) 拔出试验装置由钻孔机、磨槽机、锚固件及拔出仪等组成

钻孔机主要是在混凝土表面钻取孔洞的工具。钻孔机可采用金刚石薄壁空心钻或冲击电锤,金刚石薄壁空心钻应带有冷却水装置。钻孔机最好带有控制垂直度及深度的装置。

磨槽机有时又称为扩孔设备,用该设备在已钻好孔内一定的深度范围内进行扩充,在

孔内形成一个圆环。磨槽机由电钻金刚石磨头定位圆盘及冷却水装置组成。

锚固件由胀簧和胀杆组成。检测时将其镶嵌在孔内,通过胀簧将其锚固台阶胀开,使之与孔内混凝土咬合锚固。

拔出试验装置可采用圆环式或三点式。对于圆环式拔出试验装置的反力支承内径一般为 55mm,锚固件的锚固深度为 25mm;三点式拔出试验装置的反力支承内径一般为 120mm,锚固件的锚固深度为 35mm,钻孔直径为 22mm。圆环式拔出试验装置宜用于粗骨料最大粒径不大于 40mm 的混凝土,三点式拔出试验装置宜用于粗骨料最大粒径不大于 60mm 的混凝土。

拔出仪:主要由加荷装置、测力装置及反力支承三部分组成。对于常用的拔出仪应具备以下技术性能:

① 额定拔出力大于测试范围内的最大拔出力,且最大拔出力宜为额定拔出力的 20%~80%;

② 工作行程对于圆环式拔出试验装置不小于 4mm,对于三点式拔出试验装置不小于 6mm;

③ 允许示值误差为 $\pm 2\%F \cdot S$;

④ 测力装置宜具有峰值保持功能;

⑤ 拔出仪应按规定进行量值溯源。

(2)检测环境条件

对于该检测方法的环境条件的要求,主要取决于拔出仪显示仪表的要求,对于电子类仪表一般正常使用环境为 4~40℃。

4. 基本要求

(1)检测部位混凝土表层与内部质量应一致

当混凝土表层与内部质量有明显差异时应将薄弱表层清除干净后方可进行检测。

(2)试验前宜具备下列有关资料

① 工程名称及设计、施工、建设单位名称;

② 结构或构件名称、设计图纸及图纸要求的混凝土强度等级;

③ 粗骨料品种最大粒径及混凝土配合比;

④ 混凝土浇筑和养护情况以及混凝土的龄期;

⑤ 结构或构件存在的质量问题等。

(3)关于检测批的划分规定

结构或构件的混凝土强度可按单个构件检测或同批构件按批抽样检测。对于符合下列条件的构件可作为同批构件:

① 混凝土强度等级相同;

② 混凝土原材料、配合比、施工工艺、养护条件及龄期基本相同;

③ 构件种类相同;

④ 构件所处环境相同。

(4)测点的布置要求

① 按单个构件检测时,应在构件上均匀布置 3 个测点,当 3 个拔出力中的最大拔出力

和最小拔出力与中间值之差均小于中间值的 15% 时,仅布置 3 个测点即可;当最大拔出力或最小拔出力与中间值之差大于中间值的 15%(包括两者均大于中间值的 15%)时,应在最小拔出力测点附近再加测 2 个测点;

②　当同批构件按批抽样检测时,抽检数量应符合现行国家标准《建筑结构技术检测规范》GB 50344 的有关规定,每个构件上宜布置 1 个测点,且样本容量不宜少于 15 个;

③　测点宜布置在构件混凝土成型的侧面,如不能满足这一要求时,可布置在混凝土成型的表面或底面;

④　在构件的受力较大及薄弱部位应布置测点,相邻两测点的间距不应小于 250mm,测点距构件边缘不应小于 100mm;当采用三点拔出时,测点据边缘的距离不应小于 150mm;测试部位混凝土厚度不宜小于 80mm。

⑤　测点应避开接缝、蜂窝、麻面部位和混凝土表层的钢筋预埋件;

⑥　测试面应平整、清洁、干燥,对饰面层浮浆等应予清除,必要时进行磨平处理。

5. 检测方法与试验操作步骤

(1) 钻孔

在钻孔过程中,钻头应始终与混凝土表面保持垂直,垂直度偏差不应大于 3°,成孔尺寸应满足下列要求:

①　钻孔直径应比规定值大 0.1mm 且不宜大于 1.0mm;

②　钻孔深度 h_1 应比锚固深度 h 深 20～30mm。

(2) 磨槽

在混凝土孔壁磨环形槽时,磨槽机的定位圆盘应始终紧靠混凝土表面回转,磨出的环形槽形状应规整。这项工作对于检测结果的准确性至关重要,其操作误差应符合下列要求:

①　锚固深度 h 允许误差为 ±0.8mm;

②　环形槽深度 c 应为 3.6～4.5mm。

(3) 拔出试验

混凝土构件的拔出试验应按下列步骤进行。

①　安装锚固件:将胀簧插入成型孔内,通过胀杆使胀簧锚固台阶完全嵌入环形槽内,并保证锚固可靠;

②　安装拔出仪:将拔出仪与锚固件用拉杆连接对中,并与混凝土表面垂直;

③　施加拔出力:用千斤顶对锚固件施加拔出力,拔出锚固件。在施加拔出力时应连续均匀,其速度控制在 0.5～1.0kN/s;

④　读取拔出力:施加拔出力至混凝土开裂破坏、测力显示器读数不再增加为止,记录极限拔出力值精确至 0.1kN;

⑤　当拔出试验出现异常时,应做详细记录,并将该值舍去,在其附近补测一个测点。

(4) 修补混凝土破损部位

拔出试验后应对拔出试验造成的混凝土破损部位进行修补。

6. 混凝土强度换算及推定

(1) 测点混凝土强度换算

混凝土强度换算值应按下式计算,

$$f_{cu,i}^c = AF_i + B \qquad (2.32)$$

式中　$f_{cu,i}^c$——第 i 个测点混凝土强度换算值(MPa),精确至 0.1MPa;

　　　　F——拔出力(kN),精确至 0.1kN;

　　A、B——测强公式系数。后装拔出法分别为 1.55 和 2.35、后装拔出(三点式)分别为 2.76 和 -11.54、预埋拔出(圆环式)分别为 1.28 和 -0.64。

(2) 钻芯修正

当被测结构所用混凝土的材料与制定测强曲线所用材料有较大差异时,可在被测结构上钻取混凝土芯样,根据芯样强度对混凝土强度换算值进行修正,芯样数量应不少于 3 个。在每个钻取芯样附近做 3 个测点的拔出试验,取 3 个拔出力的平均值计算其测点的强度换算值。同时对钻取的混凝土芯样进行抗压强度试验,得出其抗压强度,然后计算两者的比值,得出其修正系数。

(3) 单个构件的混凝土强度推定

对于单个构件的拔出力计算值应按下列规定取值:

① 当构件 3 个拔出力中的最大和最小拔出力与中间值之差均小于中间值的 15% 时取最小值作为该构件拔出力计算值。

② 当进行加测后,加测的 2 个拔出力值和最小拔出力值一起取平均值,再与前一次的拔出力中间值比较,取小值作为该构件拔出力计算值。

③ 将单个构件的拔出力计算值计算强度换算值或用芯样的修正系数乘以强度换算值作为单个构件混凝土强度推定值 $f_{cu,e}$。

④ 批抽检构件的混凝土强度推定。

根据同批构件抽样检测的每个拔出力计算强度换算值或用芯样修正系数乘以强度换算值。混凝土强度的推定值 $f_{cu,e}$ 按下列公式计算

$$f_{cu,e} = m_{f_{cu}^c} - 1.645\, s_{f_{cu}^c} \qquad (2.33)$$

式中　$m_{f_{cu}^c}$——批抽检构件混凝土强度换算值的平均值(MPa),精确至 0.1MPa;

批抽检构件混凝土强度换算值的标准差,按下式计算

$$s_{f_{cu}^c} = \sqrt{\frac{\sum_{i=1}^{n} (f_{cu,i}^c - m_{f_{cu}^c})^2}{n=1}}$$

　　$f_{cu,i}^c$——第 i 个测点混凝土强度换算值;

　　$s_{f_{cu}^c}$——批抽检构件混凝土强度换算值的标准差(MPa),精确至 0.1MPa;

　　　n——批抽检构件的测点总数。

取 $f_{cu,e1}$ 和 $f_{cu,e2}$ 较大者作为该批构件的混凝土强度推定值。

⑤ 对于按批抽样检测的构件,当全部测点的强度标准差出现下列情况时,该批构件应全部按单个构件检测:

a. 当混凝土强度换算值的平均值小于或等于 25MPa 时,其标准差大于 4.5MPa;

b. 当混凝土强度换算值的平均值大于 25MPa 时,其标准差大于 5.5MPa。

项目3 混凝土构件结构性能检验

结构构件性能检测是针对结构构件的承载力、挠度、裂缝控制性能等各项指标所进行的检测。本章介绍了结构构件检测的内容、抽样数量的规定、检测仪器和方法的要求、检验结果的验收及允许二次检验的规定等。结构构件性能检测之前,应详细了解结构构件的基本信息,制定周密的检验方案。

3.1 基本要求

1. 结构性能试验的概念

构件的结构荷载试验是通过对试验构件施加荷载,观测结构构件的变化(包括:变形、裂缝、破坏)情况,从而判断被测构件的结构性能(承载能力)。构件的结构性能载荷试验,按其在被测构件或结构上作用载荷特性的不同,可分为静荷载试验(简称静载或静力试验)和动荷载试验(简称动载或动力试验)。如果按荷载在试验结构上的试验持续时间的不同,又可分为短期荷载试验和长期荷载试验。

本章主要讨论预制构件结构性能检验的短期静荷载试验。

2. 检测依据

《混凝土结构工程施工质量验收规范》GB 50204—2002;

《混凝土结构试验方法标准》GB 50152—2012;

《混凝土结构设计规范》GB 50010—2002;

《建筑结构荷载规范》GB 50009—2012;

《建筑结构检测技术标准》GB 50344—2004。

3. 仪器设备及环境

(1)常用检测仪器一般分为加载设备和量测设备

加载设备:加载梁、支墩、支座、千斤顶、加载砝码等;

量测仪器:应变仪、位移计、裂缝观测仪等。

(2)预制构件结构性能试验条件应满足下列要求

① 构件应在 0℃ 以上的温度中进行试验;

② 蒸汽养护后的构件应在冷却至常温后进行试验;

③ 构件在试验前应测量其实际尺寸,并检查构件表面,所有的缺陷和裂缝应在构件上标出。

（3）标定或校准

试验用的加荷设备及量测仪表应预先进行标定或校准。

3.2 结构或构件取样与试件安装要求

1. 取样要求

对于构件结构性能检验数量，应符合下列要求：成批生产的混凝土构件，应按同一生产工艺正常生产的不超过 1000 件，且不超过 3 个月的同类型产品为一批。当连续检验 10 批且每批的结构性能检验结果均符合规范规定的要求时，对同一生产工艺正常生产的构件，可改为不超过 2000 件且不超过 3 个月的同类型产品为一批。在每批中应随机抽取一个构件作为试件进行结构性能检验，同时抽取 2 个备用构件，以便在需进行复检时使用。

2. 试件的安装要求

对于进行结构性能检验的构件，其支承方式应符合下列规定：

① 板、梁和桁架等简支构件，试验时应一端采用滚动支承，另一端采用铰支承。铰支承可采用角钢、半圆型钢或焊于钢板上的圆钢，滚动支承可采用圆钢。

② 四角简支或四边简支的双向板，其支承方式应保证支承处构件能自由转动，支承面可以相对水平移动。

③ 当试验的构件承受较大集中力或支座反力时，应对支承部分进行局部受压承载力验算。

④ 构件与支承面应紧密接触；钢垫板与构件、钢垫板与支墩间，宜铺砂浆垫平。

⑤ 构件支承的中心线位置应符合标准图或设计的要求。

3. 试验构件的荷载布置方法

构件进行结构性能试验时，其荷载的布置方法包括：均布荷载和集中荷载两种形式。对板、梁和桁架等简支构件采用集中荷载方式加载时，又分为三分点加荷和四分点加荷两种方式。构件的具体加荷方式，在一般情况下应符合下列规定：

① 构件的试验荷载布置应符合标准图或设计的要求；

② 当试验荷载布置不能完全与标准图或设计的要求相符时，应按荷载效应等效的原则换算，即使构件试验的内力图形与设计的内力图形相似，并使控制截面上的内力值相等，但应考虑荷载布置改变后对构件其他部位的不利影响。

4. 加载方法

在现场试验过程中，荷载的加载方法应根据标准图或设计的加载要求、构件类型及加荷设备条件等进行选择。当按不同形式荷载组合进行加载试验（包括均布荷载、集中荷载、水平荷载和竖向荷载等）时，各种荷载应按比例增加。

（1）荷重块加载

荷重块加载适用于均布加载试验。荷重块应按区格成垛堆放，沿试验结构构件的跨度方向的每堆长度不应大于试验结构构件跨度的 1/6;对于跨度为 4m 和 4m 以下的试验结构构件,每堆长度不应大于构件跨度的 1/4;堆间宜留 50～150mm 的间隙。红砖等小型块状材料,宜逐级分堆称量;铁块、混凝土块等块状重物应逐块或逐级分堆称量,最大块重应满足加载分级的需要,并不宜大于 25kg;对于块体大小均匀,含水量一致又经抽样核实块重确系均匀的小型块材,可按平均块重计算加载量。

（2）千斤顶加载

加载适用于集中加载试验。千斤顶加载时,可采用分配梁系统实现多点集中加载。千斤顶的加载值宜采用荷载传感器量测,也可采用油压表量测。在用千斤顶进行加荷时,其量程应满足结构构件最大测值的要求,最大测值不宜大于选用千斤顶最大量程的 80%。

（3）保护设施

试验结构构件、设备及量测仪表均应有防风防雨、防晒和防摔等保护设施。

3.3　荷载试验操作步骤

1. 制定检验方案

（1）检验内容

预制构件的结构性能检验,应按标准图或设计要求的试验参数及检验指标进行。其检验主要内容包括:钢筋混凝土构件和允许出现裂缝的预应力混凝土构件进行承载力、挠度和裂缝宽度检验;不允许出现裂缝的预应力混凝土构件进行承载力、挠度和抗裂检验;预应力混凝土构件中的非预应力杆件按钢筋混凝土构件的要求进行检验。对设计成熟、生产数量较少的大型构件,当采取加强材料和制作质量检验的措施时,可仅作挠度、抗裂或裂缝宽度检验;当采取上述措施并有可靠的实践经验时,可不作结构性能检验。

（2）试验荷载的确定

① 在进行混凝土结构试验前,应根据试验要求分别确定下列试验荷载值:

a. 对结构构件的挠度、抗裂度（裂缝宽度）试验,应确定正常使用极限状态试验荷载值或检验荷载标准值;

b. 对结构构件的抗裂试验,应确定开裂试验荷载值;

c. 对结构构件的承载力试验,应确定承载能力极限状态试验荷载值,或称为承载力检验荷载值。

② 检验性试验结构构件的检验荷载标准值应按下列方法确定:

a. 预应力混凝土空心板的检验荷载标准值,按相应所测空心板规格,查图集结构性能检验参数表中检验荷载标准值 q_k^s(kN/m)乘以板计算跨度计算得到。

b. 现浇混凝土结构构件的正常使用极限状态试验荷载值,应根据结构构件控制截面上的荷载短期效应组合的设计值 S_s 和试验加载图式经换算确定。

c. 荷载短期效应组合的设计值 S_s 应按国家标准《建筑结构荷载规范》GB 50009—2012 公式 3.2.8 计算确定,或由设计文件提供。

注:《建筑结构荷载规范》GB 50009—2001 公式 3.1 荷载标准值 S:

$$S = S_{G_k} + S_{Q_{1k}} + \sum_{i=2}^{n} \psi_{ci} S_{Q_{ik}} \qquad (3.1)$$

式中　S_{G_k}——按永久荷载标准值 G_k 计算的荷载效应值；

　　　$S_{Q_{ik}}$——按可变荷载标准值 Q_{ik} 计算的荷载效应值，其中 Q_{ik} 在诸可变荷载效应中起控制作用；

　　　ψ_{ci}——可变荷载 Q_i 的组合值系数，应分别按各章的规定采用。

（3）试验结构构件的开裂试验荷载计算值按下式计算

$$S_{cr}^{c} = [\gamma_{cr}] S_s \qquad (3.2)$$

式中　S_{cr}^{c}——正截面抗裂检验的开裂内力计算值；

　　　$[\gamma_{cr}]$——构件抗裂检验系数允许值，按所测空心板规格查图集结构性能检验参数表中得到；

　　　S_s——检验荷载标准值。

（4）构件的承载力检验值应按下列方法计算

当按设计要求规定进行检验时，应按下式计算：

$$S_{ul}^{c} = \gamma_0 [\gamma_u] S \qquad (3.3)$$

式中　S_{ul}^{c}——当按设计要求规定进行检验时，结构构件达到承载力极限状态时的内力计算值，也可称为承载力检验值（包括自重产生的内力）；

　　　γ_0——结构构件的重要性系数；

　　　$[\gamma_u]$——结构构件承载力检验系数允许值，按现行国家标准《混凝土结构工程施工质量验收规范》GB 50204—2002 取用，具体见表 3-1；

　　　S——承载力检验荷载设计值 S，按相应所测空心板规格查图集结构性能检验参数表中承载力检验荷载设计值 q_u^c(kN/m) 乘以板计算跨度计算得到。

表 3-1　构件的承载力检验系数允许值

受　力　情　况	达到承载能力极限状态的检验标志		γ_u
轴心受拉、偏心受控、受弯、大偏心受压	受压主筋处的最大裂缝宽度达到 1.5mm，或挠度达到跨度的 1/50	热轧钢筋	1.20
		钢丝、钢绞线、热处理钢筋	1.35
	受压区混凝土破坏	热轧钢筋	1.30
		钢丝、钢绞线、热处理钢筋	1.45
	受拉主筋拉断		1.50
受压构件的受检	腹部斜裂缝达到 1.5mm，或斜裂缝末端受压混凝土减压破坏		1.40
受压构件的受检	沿斜面混凝土斜压破坏，受压主筋在端部滑脱或其他锚固破坏		1.55
轴心受压、小偏心受压	混凝土受压		1.50

现浇混凝土结构构件的承载力检验荷载设计值应按国家标准《建筑结构荷载规范》GB 50009—2012 公式 3.4 确定。

注：《建筑结构荷载规范》GB 50009—2012 公式 3.4 荷载效应组合的设计值 S：

$$S = \gamma_G S_{G_k} + \gamma_{Q_1} S_{Q_{1k}} + \sum_{i=2}^{n} \gamma_{Qi} \psi_{ci} S_{Q_{ik}} \qquad (3.4)$$

式中 γ_G ——永久荷载的分项系数,应按《建筑结构荷载规范》GB 50009—2012 第 3.2.5 条采用;

     γ_{Q_i} ——第 i 个可变荷载的分项系数,其中 γ_{Qi} 为可变荷载的分项系数,应按《建筑结构荷载规范》GB 50009—2012 第 3.2.5 条采用;

     S_{G_k} ——按永久荷载标准值 G_k 计算的荷载效应值;

     $S_{Q_{1k}}$ ——按可变荷载标准值 Q_{ik} 计算的荷载效应值,其中 $S_{Q_{ik}}$ 为诸可变荷载效应中起控制作用者;

     ψ_{ci} ——可变荷载 Q_i 的组合值系数,应分别按《建筑结构荷载规范》GB 50009—2012 各章的规定采用;

     n——参与组合的可变荷载数。

2. 加载程序

(1) 预加载

在对构件的结构性能试验正式开始前,宜对被测构件进行预加载,以检查试验装置的工作是否正常,同时观察构件是否在试验前已产生了裂缝等损伤情况。同时,在对构件进行预加荷时,应防止构件因预加载而产生裂缝。预加载值不宜超过结构构件开裂试验荷载计算值的 70%。

(2) 分级加载和卸载

试验荷载应按下列规定分级加载和卸载:

① 构件分级加载方法。当荷载小于检验荷载标准值时,每级荷载不应大于检验荷载标准值的 20%;当荷载大于检验荷载标准值时,每级荷载不应大于检验荷载标准值的 10%;当荷载接近抗裂检验荷载值时,每级荷载不应大于检验荷载标准值的 5%;当荷载接近承载力检验值时,每级荷载不应大于承载力检验值的 5%。对仅作挠度、抗裂或裂缝宽度检验的构件应分级卸载。

② 作用在构件上的试验设备重量及构件自重应作为第一次加载的一部分。

③ 每级卸载值可取为使用状态短期试验荷载值的 20%～50%,每级卸载后在构件上的试验荷载剩余值宜与加载时的某一荷载值相对应。

(3) 每级加载或卸载后的荷载持续时间

应符合下列规定:每级加载完成后,应持续 10～15min;在荷载标准值作用下,应持续 30min,在持续时间内,应观察裂缝的出现和开展,以及钢筋有无滑移等;在持续时间结束时,应观察并记录各项读数。

(4) 挠度或位移的量测方法

① 挠度量测仪表的设置。挠度测点应在构件跨中截面的中轴线上沿构件两侧对称布置,还应在构件两端支座处布置测点,量测挠度的仪表应安装在独立不动的仪表架上,现场试验应清除地基变形对仪表支架的影响。

② 试验结构构件变形的量测时间。

a. 结构构件在试验加载前,应在没有外加荷载的条件下测读仪表的初始读数;

b. 试验时在每级荷载作用下,应在规定的荷载持续时间结束时量测结构构件的变形。结构构件各部位测点的测试程序在整个试验过程中宜保持一致,各测点间读数时间间隔不宜过长。

(5) 应力-应变测量方法

① 需要进行应力-应变分析的结构构件,应量测其控制截面的应变。量测结构构件应变时,测点布置应符合下列要求:

对受弯构件应首先在弯矩最大的截面上沿截面高度布置测点,每个截面不宜少于 2 个;当芯样量测沿截面高度的应变分布规律时,布置测点数不宜少于 5 个;在同一截面的受拉区主筋上应布置应变测点。

② 量测结构构件局部变形可采用千分表、杠杆应变表、手持式应变仪或电阻应变计等各种量测应变的仪表或传感元件;量测混凝土应变时,应变计的标距应大于混凝土粗骨料最大粒径的 3 倍。

当采用电阻应变计量测构件内部钢筋应变时,宜使现场贴片,并作可靠的防护处理。

对于采用机械式应变仪量测构件内部钢筋应变时,则应在测点位置处的混凝土保护层部位预留孔洞或预理测点;也可在预留孔洞的钢筋上粘贴电阻应变计进行量测。

对于采用机械式应变计量测构件应变时,应有可靠的温度补偿措施。在温度变化较大的地方采用机械式应变仪量测应变时,应考虑温度影响径向修正。

3. 试验过程中的结果观察

(1) 抗裂试验与裂缝量测方法

① 结构构件进行抗裂试验时,应在加载过程中仔细观察和判别试验结构构件中第一次出现的垂直裂缝或斜裂缝,并在构件上绘出裂缝位置,标出相应的荷载值。

但放在加载过程中第一次出现裂缝是,应取前一级荷载值作为开裂荷载实测值;当在规定的荷载持续时间内第一次出现裂缝时,应取本级荷载值与前一级荷载的平均值作为其开裂荷载实测值;当在规定的荷载持续时间结束后第一次出现裂缝时,应取本级荷载值作为开裂荷载实测值。

② 用放大倍率不低于四倍的放大镜观察裂缝的出现。试验结构构件开裂后应立即对裂缝的发生发展情况进行详细观测,量测使用状态试验荷载值作用下的最大裂缝宽度及各级荷载作用下的主要裂缝宽度、长度及裂缝间距,并应在试件上标出。

③ 最大裂缝宽度应在使用状态短期试验荷载值持续作用 30min 结束时进行量测。

(2) 承载力的测定和判定方法

① 对试验结构构件进行承载力试验时,在加载或持载过程中出现下列标志之一即认为该结构构件宜达到或超过承载能力极限状态:

a. 对有明显物理流限的热轧钢筋,其受拉主钢筋应力到达屈服强度,受拉应变达到 0.01;对无明显物理流限的钢筋,其受拉主钢筋的受拉应变达到 0.01;

b. 受拉主钢筋拉断;

c. 受拉主钢筋处最大垂直裂缝宽度达到 1.5mm;

d. 挠度达到跨度的 1/50;对悬臂结构,挠度达到悬臂长的 1/25;

e. 受压区混凝土压坏。

② 径向承载力试验时,应取首先到达到上述第①条所列的标志之一时的荷载值,包括自重和加载设备中来确定结构构件的承载力实测值。

③ 当在规定的荷载持续时间结束后出现上述第①条所列的标志之一时,应以此时的荷

载值作为试验结构构件极限荷载的实测值;当在加载过程中出现上述标志之一时,应取前一级荷载值作为结构构件的极限荷载实测值;当在规定的荷载持续时间内出现上述标志之一时,应取本级荷载值与前一级荷载的平均值作为极限荷载实测值。

3.4　数据处理与结果判定

构件结构性能试验的结果判定,主要包括构件的变形(挠度)、抗裂度(裂缝宽度)和承载力三部分的结果分析和判定。

1. 变形量测的试验结果整理

(1)确定构件在各级荷载作用下的短期挠度实测值,按下列公式计算

$$a_t^0 = a_q^0 \psi \tag{3.5}$$

$$a_q^0 = v_m^0 - \frac{1}{2}(v_l^0 + v_r^0) \tag{3.6}$$

式中　a_t^0——全部荷载作用下构件跨中的挠度实测值(mm);

　　ψ——用等效集中荷载代替实际的均布荷载进行试验时的加载图式修正系数,按表3-2取用;

　　a_q^0——外加试验荷载作用下构件跨中的挠度实测值(mm);

　　v_m^0——外加试验荷载作用下构件跨中的位移实测值(mm);

　　v_l^0——外加试验荷载作用下构件左、右端支座沉陷位移的实测值(mm)。

表3-2　加载方式修正系数 ψ

名称	加载图式	修正系数
均布荷载	l	1.0
二集中力四分点等效荷载	$l/4$　$l/2$　$l/4$	0.91
二集中力三分点等效荷载	$l/3$　$l/3$　$l/3$	0.98
四集中力八分点等效荷载	$l/8$　$l/4$　$l/4$　$l/4$　$l/8$	0.97
八集中力十六分点等效荷载	$l/8$　$l/8$　$l/8$　$l/8$　$l/8$　$l/16$　$l/16$	1.0

(2)预制构件的挠度应按下列规定进行检验

当按规定的挠度允许值进行检验时,应符合下列公式的要求:

$$a_s^0 \leqslant [a_s] \tag{3.7}$$

式中　a_s^0——在荷载标准值下的构件挠度实测值;

　　$[a_s]$——挠度检验允许值,见图集结构性能检验参数表。

当按构件实配钢筋进行挠度检验或仅检验构件的挠度、抗裂或裂缝宽度时,应符合下列公式的要求:

$$a_{s}^{c} \leqslant 1.2a_{s}^{c} \qquad (3.8)$$

式中 a_{s}^{c}——在检验荷载标准值下的构件挠度计算值,见图集结构性能检验参数表。

2. 抗裂试验与裂缝量测的试验结果整理

(1) 结构试验中裂缝的观测应符合下列规定

① 观察裂缝出现可采用精度为 0.05mm 的裂缝观测仪等仪器进行观测;

② 对正截面裂缝,应量测受拉主筋处的最大裂缝宽度;

③ 确定构件受拉主筋处的裂缝宽度时,应在构件侧面量测。

(2) 预制构件的抗裂检验应符合下列公式的要求

$$\gamma_{cr}^{0} \geqslant [\gamma_{cr}] \qquad (3.9)$$

式中 γ_{cr}^{0}——构件的抗裂检验系数实测值,即试件的开裂荷载实测值与检验荷载标准值(均包括自重)的比值;

$[\gamma_{cr}]$——构件的抗裂检验系数允许值,见图集结构性能检验参数表。

(3) 预制构件的裂缝宽度检验应符合下列公式的要求

$$w_{s,max}^{0} \leqslant [w_{max}] \qquad (3.10)$$

式中 $w_{s,max}^{0}$——在检验荷载标准值下,受拉主筋处的最大裂缝宽度实测值(mm);

$[w_{max}]$——构件检验的最大裂缝宽度允许值(mm),按表 3-3 取用。

表 3-3 构件检验的最大裂缝宽度允许值(mm)

设计要求的最大裂缝宽度限值	0.2	0.3	0.4
$[w_{max}]$	0.15	0.20	0.25

3. 承载力试验结果整理

预制构件承载力应按下列规定进行检验:

$$\gamma_{u}^{0} \geqslant \gamma_{0}[\gamma_{u}] \qquad (3.11)$$

式中 γ_{u}^{0}——构件的承载力检验系数实测值,即试件的荷载实测值与荷载设计值(均包括自重)比值;

γ_{0}——结构重要性系数,按设计要求确定,当无专门要求时取 1.0;

$[\gamma_{u}]$——构件的承载力检验系数允许值,按表 3-1 取用。

4. 结构性能检验结果的判定

① 当试件结构性能的全部检验结果均符合上述检验要求时,该批构件的结构性能应通过验收。

② 当第一个试件的检验结果不能符合上述要求,但其挠度检测值未超过允许值的 1.10 倍,对承载力及抗裂检验系数已超过要求的 95%,在这种情况下可进行第二次复检。如果被测构件未达到复检要求时,则可直接判定该批构件的结构性能不合格。

③ 在对构件进行第二次检验的要求时,要对已抽两个备用试件进行检验。第二次检验

的指标的允许值,应取第 2 条和第 3 条规定的允许值减 0.05;对挠度检测值可控制不超过允许值的 1.10 倍。当第二次抽取的两个试件的全部检验结果符合第二次检验的要求时,该批构件的结构性能可通过验收。

④ 当第二次抽取的第一个试件的全部检验结果均已符合挠度、抗裂度(裂缝宽度)和承载力的要求时,可不再对每三个构件进行试验,直接判定该批构件的结构性能合格。

5. 例题

预应力空心板 YKB42910 出厂检验结构性能检验加荷方案。

根据《河北省建筑构件通用图集:预应力混凝土长向空心板》的相关内容,该板的实际尺寸为:长×宽×高=4100mm×880mm×200mm。

正常使用短期检验荷载值(含自重:2.82kN/m²):11.03kN/m²

承载力检验荷载设计值(含自重:2.82kN/m²):13.78kN/m²

短期挠度计算值(mm):4.53mm

开裂荷载标准值(含自重:2.82kN/m²):9.91kN/m²

各种承载力检验标志所对应的荷载值(含自重:2.82kN/m²):

标志 1:13.78×1.2=16.54kN/m²

标志 2:13.78×1.25=17.23kN/m²

标志 4:13.78×1.35=18.61kN/m²

标志 3、5:13.78×1.5=20.67kN/m²

构件的计算跨度:4100-100=4000mm

计算宽度:900mm

加荷程序:

第 1 级:持荷 10min。

荷载计算:11.03×20%-2.82=-0.614kN/m²(自重加荷)

第 2 级:持荷 10min。

荷载计算:11.03×40%-2.82=1.592kN/m²

折合整个构件的荷载值为:1.592×4×0.9=5.73kN

第 3 级:持荷 10min。

荷载计算:11.03×20%=2.206kN/m²

折合整个构件的荷载值为:2.206×4×0.9=7.94kN

第 4 级:持荷 10min。

荷载计算:11.03×20%=2.206kN/m²

折合整个构件的荷载值:2.206×4×0.9=7.94kN

第 5 级:开裂荷载,持荷 10min 观察构件的开裂情况。

荷载计算:9.91-(11.03×80%)=1.086kN/m²

折合整个构件的荷载值为:1.086×4×0.9=3.91kN

第 6 级:挠度检验,持荷 30min 后,检测其挠度值是否超过 4.53mm。

荷载计算:11.03-9.91=1.12kN/m²

折合整个构件的荷载值为:1.12×4×0.9=4.03kN

第 7 级:持荷 10min。

荷载计算:11.03×10%=1.103kN/m²

折合整个构件的荷载值为:1.103×4×0.9=3.97kN

第 8 级:持荷 10min。

荷载计算:11.03×10%=1.103kN/m²

折合整个构件的荷载值为:1.103×4×0.9=3.97kN

第 9 级:持荷 10min。

加荷计算:13.78×1.1-11.03×1.2=1.922kN/m²

折合整个构件的荷载值为:1.922×4×0.9=6.92kN

第 10 级:持荷 10min,破坏标志 1 检验(γ_u=1.20):

加荷计算:13.78×10%=1.78kN/m²

折合整个构件的荷载值为:1.378×4×0.9=4.96kN

第 11 级:持荷 10min。

加荷计算:13.78×5%=0.689kN/m²

折合整个构件的荷载值为:0.689×4×0.9=2.48kN

第 12 级:持荷 10min,破坏标志 2 检验(γ_u=1.30):

加荷计算:13.78×5%=0.689kN/m²

折合整个构件的荷载值为:0.689×4×0.9=2.48kN

第 13 级:持荷 10min,(γ_u=1.35):

荷载计算:13.78×10%=1.378kN/m²

折合整个构件的荷载值为:1.378×4×0.9=4.96kN

第 14 级:持荷 10min,破坏标志 4 检验(γ_u=1.40):

荷载计算:13.78×5%=1.378kN/m²

折合整个构件的荷载值为:0.689×4×0.9=2.48kN

第 15 级:持荷 10min,(γ_u=1.45):

荷载计算:13.78×10%=1.378kN/m²

折合整个构件的荷载值为:1.378×4×0.9=4.96kN

第 16 级:持荷 10min,破坏标志 3 检验(γ_u=1.50):

荷载计算:13.78×5%=0.689kN/m²

折合整个构件的荷载值为:0.689×4×0.9=2.48kN

第 17 级:持荷 10min,破坏标志 5 检验(γ_u=1.55):

荷载计算:13.78×5%=0.689kN/m²

折合整个构件的荷载值为:0.689×4×0.9=2.48kN

项目 4　砌体结构工程现场检测

砌体结构(包括砖混结构)在我国城镇的应用极为广泛。但是由于在砌体结构的施工过程中,多为人工砌筑,质量影响因素较多,同时砌筑用砂浆的质量控制方法和生产工艺与混凝土质量的控制方法和生产工艺相对比较落后,因此,对于砌体结构工程质量检测越来越引起人们的重视,其检测的方法也不断发展和更新。

4.1　检测的方法和取样要求

1. 检测的主要内容和方法的分类

（1）检测的主要内容

砌体工程现场检测的主要内容一般包括:砌体的抗压/抗剪强度、砌筑砂浆强度、砌体用块材(砖)的抗压强度检测。

（2）检测方法

砌体力学性能现场检测的方法很多,对于砌体本身的强度检测,常用的有切割法、原位轴压法、扁顶法、原位单剪法等,检测砌体砂浆强度的方法包括筒压法、回弹法、射钉法(贯入法)等,检测砌体用砖的方法有回弹法、现场取样抗压试验法等。上述各种方法的特点、用途及限制条件见表 4-1。

表 4-1　砌体工程现场主要检测方法一览表

序号	检测方法	特点	用途	限制条件
1	切割法	1. 直接在墙体适当部位选取试件进行试验,是检测砌体强度的标准方法; 2. 直观性强; 3. 检测部位局部破损	检测≥M1.0 的各种砌体的抗压强度	1. 要专用切割机; 2. 测点数量不宜太多
2	原位轴压法	1. 属原位检测,直接在墙体上测试,其结果综合反映了材料质量和施工质量; 2. 直观性、可比性强; 3. 设备较重; 4. 检测部位局部破损	检测普通砖砌体的抗压强度	1. 槽间砌体每侧的墙体宽度应不小于 1.5m; 2. 同一墙体上的测点数量不宜多于 1 个,测点数量不宜太多; 3. 限用于 240mm 砖墙
3	扁顶法	1. 属原位检测,直接在墙体上测试,测试结果综合反映了材料质量和施工质量; 2. 直观性、可比性较强; 3. 扁顶重复使用率较低; 4. 砌体强度较高或轴向变形较大时,难以测出抗压强度; 5. 设备较轻; 6. 检测部位局部破损	1. 检测普通砖砌体的抗压强度; 2. 测试古建筑和重要建筑的实际应力; 3. 测试具体工程的砌体弹性模量	1. 槽间砌体每侧的墙体宽度应不小于 1.5m; 2. 同一墙体上的测点数量不宜多于 1 个,测点数量不宜太多

序号	检测方法	特点	用途	限制条件
4	原位单剪法	1. 属原位检测,直接在墙体上测试,测试结果综合反映了施工质量和砂浆质量; 2. 直观性; 3. 检测部位局部破损	检测各种砌体的抗剪强度	1. 测点选在窗下部位,且承受反作用力的墙体应有足够长度; 2. 测点数量不宜太多
5	筒压法	1. 属取样检测; 2. 仅须利用一般混凝土实验室的常用设备; 3. 取样部位局部损伤	检测烧结普通砖墙体中的砂浆强度	测点数量不宜太多
6	回弹法	1. 属原位无损检测,测区选择不受限制; 2. 回弹仪有定型产品,性能较稳定,操作简便; 3. 检测部位的装修面层仅局部损伤	1. 检测烧结普通砖墙体中的砂浆强度; 2. 适宜于砂浆; 3 检测烧结普通砖的强度	强度均质性普查砂浆强度不应小于2MPa; 用于检测砂浆强度的回弹仪的弹击动能为:0.196J; 用于检测砂浆强度的回弹仪的弹击动能为:0.196J
7	贯入法	1. 属原位无损检测,测区选择不受限制; 2. 贯入仪及贯入深度测量表有定型产品,设备较轻便; 3. 墙体装修面层仅局部损伤	检测砌体中砂浆的抗压强度值	1. 要求为自然保护、自然风干状态的砌体砂浆; 2. 砂浆强度为0.4～16.0MPa; 3. 龄期为28d或28d以上

2. 检测依据

《砌体工程现场检测技术标准》GB/T 50315—2011;

《贯入法检测砌筑砂浆抗压强度技术规程》JGJ/T 136—2001;

《建筑结构检测技术标准》GB/T 50344—2004;

《砌体基本力学性能试验方法标准》GB/T 50129—2011。

3. 取样要求

对需要进行砌体各项强度指标检测的建筑物,应根据调查结果和确定的检测目的、内容和范围,选择一种或数种检测方法。对检测工程划分检测单元,并确定测区和测点数。

① 当检测对象为整栋建筑物或建筑物的一部分时,应将其划分为一个或若干个可以独立进行分析的结构单元,每一结构单元划分为若干个检测单元。

② 每一检测单元内,应随机选择6个构件(单片墙体、柱),作为6个测区,每一个检测单元不足6个构件时,应将每个构件作为一个测区。对贯入法,每一检测单元抽检数量不应少于砌体总构件数的30%,且不应少于6个构件。

③ 每一测区应随机布置若干测点。各种检测方法的测点数,应符合下列要求:切割法、原位轴压法、扁顶法、原位单剪法、筒压法测点数不少于1个;原位单砖双剪法、推出法测点数不少于3个。砂浆片剪切法、回弹法(回弹法的测位,相当于其他检测方法的测点)、点荷法、射钉法测点数不应少于5个。

4.2　砌体的力学性能检测方法

砌体的力学性能检测主要包括砌体的抗压和抗剪强度的检测,其检测的主要方法包括切割法、原位轴压法、扁顶法、原位单剪法等。

1. 切割法

这种检测方法,实质上是利用适当的切割工具,在被测砌体上切割出一个符合进行抗压强度试验的试件,通过对试件进行处理、加工,运送至试验室内进行抗压强度试验,从而得出相应的检测结果。

(1) 仪器设备及环境

测试设备:专业切割机、电动油压试验机。

当受条件限制时,可采用试验台座、加荷架、千斤顶和测力计等组成的加荷系统。对于测量仪表的示值相对误差不应大于2%。

(2) 取样及样品制备要求

① 切割法测试块体材料为砖和中小型砌块的砌体抗压强度。

② 测试部位应具代表性,并应符合下列规定:

a. 测试部位宜选在墙体中部距楼、地面1m左右的高度处,切割砌体每侧的墙体宽度不应小于1.5m;

b. 同一墙体上测点不宜多于1个,且宜选在沿墙体长度的中间部位;多于1个时,切割砌体的水平净距不得小于2.0m;

c. 测试部位不得选在挑梁下、应力集中部位以及墙梁的墙体计算高度范围内。

(3) 操作步骤

① 在选定的测点上开凿试块,试件的尺寸及切割法应符合以下规定:

a. 对于外形尺寸为240mm×115mm×53mm的普通砖,其砌体抗压试验试件的切割尺寸应尽量接近240mm×370mm×720mm;非普通砖的砌体抗压试验切割尺寸稍作调整,但高度应按高厚比$\beta=3$确定;中小型砌块的砌体抗压试验切割厚度应为砌块厚度,宽度应为主规格块的长度,高度取3皮砌块,中间1皮应有竖向缝。

b. 用合适的切割工具如手提切割机或专用切割工具,先竖向切割出试件的两竖边,再用电钻清除试件上水平灰缝。清除大部分下水平灰缝,采用适当方式支垫后,清除其余下灰缝。

c. 将试件取下,放在带吊钩的钢垫板上。钢垫板及钢压板厚度应不小于l0mm,放置试件前应做厚度为20mm的1:3水泥砂浆找平层。

d. 操作中应尽量减少对试件的扰动。

e. 将试件顶部采用厚度为20mm的1:3水泥砂浆找平,放上钢压板,用螺杆将钢垫板与钢压板上紧,并保持水平。将水泥砂浆凝结后运至试验室,准备进行试验。

② 试件抗压试验之前应做以下准备工作:

a. 在试件四个侧面上画出竖向中线。

b. 在试件高度的1/4、1/2和3/4处,分别测量试件的宽度与厚度,测量精度为1mm,

取平均值。试件高度以垫板顶面量至压板底面。

c. 将试件吊起清除垫板下杂物后置于试验机上，垫平对中，拆除上下压板间的螺杆。

d. 采用分级加荷办法加荷。每级的荷载应为预估破坏荷载值的 10%，并应在 1～1.5min 内均匀加完，恒荷 1～2min 后施加下一级荷载。施加荷载时不得冲击试件。加荷至破坏值的 80% 后应按原定加荷速度连续加荷，直至试件破坏。当试件裂缝急剧扩展和增多，试验机的测力指针明显回退时，应定为该试件丧失承载能力而达到破坏状态。其最大的荷载计数即为该试件的破坏荷载值。

e. 试验过程中，应观察与捕捉第一条受力的发丝裂缝，并记录初始荷载值。

（4）数据处理

① 砌体试件的抗压强度，应按下式计算：

$$f_{mij} = \varphi_{ij} N_{uij} / A_{ij} \qquad (4.1)$$

式中　f_{mij} ——第 i 个测区第 j 个测点砌体试件的抗压强度（MPa）；

　　　N_{uij} ——第 i 个测区第 j 个测点砌体试件的破坏荷载（N）；

　　　A_{ij} ——第 i 个测区第 j 个测点砌体试件的受压面积（mm²）；

　　　φ_{ij} ——第 i 个测区第 j 个测点砌体试件的尺寸修正系数。

$$\varphi_{ij} = \cfrac{1}{0.72 + \cfrac{20 S_{ij}}{A_{ij}}} \qquad (4.2)$$

式中　S_{ij} ——第 i 个测区第 j 个测点的试件的截面周长（mm）。

② 测区的砌体试件抗压强度平均值，应按下式计算：

$$f_{mi} = \frac{1}{n_1} \sum_{j=1}^{n_1} f_{mij} \qquad (4.3)$$

式中　f_{mi} ——即第 i 个测区的砌体抗压强度平均值（MPa）；

　　　n_1 ——测区的测点（试件）数。

2. 原位轴压法

原位轴压法是采用原位压力机，在墙体上进行抗压强度试验，检测砌体抗压强度的方法，简称轴压法。

（1）仪器设备及环境

测试设备：原位轴压仪。

技术指标：原位轴压仪力值，每半年应校验一次。其主要技术指标见表 4-2。原位轴压仪的工作状况见图 4-1。

表 4-2　原位轴压力机主要技术指标

项　目	指　标		项　目	指　标	
	450 型	600 型		450 型	600 型
额定压力（kN）	400	500	极限行程（mm）	20	20
极限压力（kN）	450	600	示值相对误差（%）	±3	±3
额定行程（mm）	15	15			

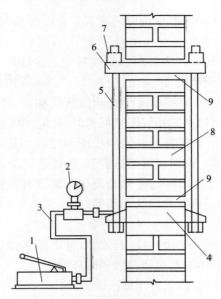

图 4-1　原位轴压仪测试工作状况
1—手动油泵;2—压力表;3—高压油管;4—扁式千斤顶;
5—拉杆(共4根);6—反力板;7—螺母;8—槽间砌体;9—砂垫层

（2）试件的制备要求

① 原位轴压法适用于推定 240mm 厚普通砖砌体的抗压强度。

② 测试部位应具有代表性,并应符合下列规定:

a. 测试部位宜选在墙体中部距楼、地面 lm 左右的高度处;槽间砌体每侧的墙体宽度不应小于 1.5m;

b. 同一墙体上,测点不宜多于 1 个,且宜选在沿墙体长度的中间部位;多于 1 个时,其水平净距不得小于 2.0m;

c. 测试部位不得选在挑梁下、应力集中部位以及墙梁的墙体计算高度范围内。

（3）操作步骤

① 在被测砌体上进行试件的制作过程及要求。在选定的测试位置处,开凿水平槽孔时,其尺寸应遵守下列规定:

a. 上水平槽的尺寸(长度×厚度×高度)为 250mm×240mm×70mm;使用 450 型轴压仪时下水平槽的尺寸为 250mm×240mm×70mm,使用 600 型轴压仪时下水平槽的尺寸为 250mm×240mm×140mm;

b. 上下水平槽孔应对齐,两槽之间应相距 7 皮砖,约 430mm;

c. 开槽时应避免扰动四周的砌体;槽间砌体的承压面应修平整。

② 原位轴压仪的安装。在槽孔间安放原位轴压仪时,应符合下列规定:

a. 分别在上槽内的下表面和扁式千斤顶的顶面,均匀铺设湿细砂或石膏等材料的垫层,垫层厚度可取 10mm;

b. 将反力板置于上槽孔,扁式千斤顶置于下槽孔,安放四根钢拉杆,使两个承压板上下对齐后,拧紧螺母并调整其平行度;四根钢拉杆的上下螺母间的净距误差不应大于 2mm;

c. 先试加荷载,试加荷载值取预估破坏荷载的 10%。检查测试系统的灵活性和可靠性,以及上下压板和砌体受压面接触是否均匀密实。经试加荷载,测试系统正常后卸荷,开始正式测试。

③ 试验过程。在正式测试时,未加荷以前应首先记录油压表初读数,然后进行分级加荷。每级荷载可取预估破坏荷载的 10%,并应在 1~1.5min 内均匀加完,然后恒载 2min。加荷至预估破坏荷载的 80%后,应按原定加荷速度连续加荷,直至槽间砌体破坏。当槽间砌体裂缝急剧扩展和增多,油压表的指针明显回退时,槽间砌体达到极限状态。

④ 试验过程中,如发现上下压板与砌体承压面因接触不良,使槽间砌体呈局部受压或偏心受压状态时,应停止试验。此时应调整试验装置,重新试验,无法调整时应更换测点。

⑤ 试验过程中,应仔细观察槽间砌体初裂裂缝与裂缝开展情况,记录逐级荷载下的油压表读数、测点位置、裂缝随荷载变化情况简图等。

（4）数据处理

① 根据槽间砌体初裂和破坏时的油压表读数,分别减去油压表的初始读数,按原位轴压仪的校验结果,计算槽间砌体的初裂荷载值和破坏荷载值。

② 槽间砌体的抗压强度,应按下式计算:

$$f_{uij} = \frac{N_{uij}}{A_{ij}} \tag{4.4}$$

式中　f_{uij}——第 i 个测区第 j 个测点槽间砌体的抗压强度(MPa);

　　　N_{uij}——第 i 个测区第 j 个测点槽间砌体的受压破坏荷载值(N);

　　　A_{ij}——第 i 个测区第 j 个测点槽间砌体的受压面积(mm²)。

③ 槽间砌体抗压强度换算为标准砌体的抗压强度,应按下列公式计算:

$$f_{mij} = \frac{f_{uij}}{\varepsilon_{1ij}} \tag{4.5}$$

$$\varepsilon_{1ij} = 1.25 + 0.60\sigma_{ij} \tag{4.6}$$

式中　f_{mij}——第 i 个测区第 j 个测点的标准砌体抗压强度换算值(MPa);

　　　ε_{1ij}——原位轴压法的无量纲的强度换算系数;

　　　σ_{ij}——该测点上部墙体的压应力(MPa),其值可按墙体实际所承受的荷载标准值计算。

④ 测区的砌体抗压强度平均值,应按下式计算:

$$f_{mi} = \frac{1}{n} \sum_{j=1}^{n_1} f_{mij} \tag{4.7}$$

式中　f_{mi}——第 i 个测区的砌体抗压强度平均值(MPa);

　　　n_1——测区的测点数。

3. 扁式液压顶法

扁式液压顶法是采用扁式液压千斤顶在墙体上进行抗压试验,检测砌体的受压应力、弹性模量抗压强度的方法,简称扁顶法。

（1）仪器设备及环境

测试设备:扁式液压千斤顶(扁顶)、手持式应变仪和千分表。

扁顶的构造和主要技术指标:扁顶是由合金钢板焊接而成,总厚度为 5~7mm。对

240mm 厚墙体选用大面尺寸分别为 250mm×250mm 或 250mm×380mm 的扁顶；对 370mm 厚墙体选用大面尺寸分别为 380mm×380mm 或 380mm×500mm 的扁顶。每次使用前，应校验扁顶的力值，并根据该试验的结果，对其试验的结果进行必要的修正。

扁顶的主要技术指标见表 4-3。

表 4-3 扁顶的主要技术指标

项 目	指 标	项 目	指 标
额定压力(kN)	400	极限行程(mm)	15
极限压力(kN)	480	示值相对误差(%)	±3
额定行程(mm)	10		

手持式应变仪和千分表的主要技术指标应符合表 4-4 的要求。

表 4-4 手持式应变仪和千分表的主要技术指标

项 目	指 标	项 目	指 标
行程(mm)	1~3	分辨率(mm)	0.001

（2）取样与制备要求

扁顶法适用于推定普通砖砌体的受压工作应力、弹性模量和抗压强度。其工作状况见图 4-2 所示。测试部位布置要求与原位轴压法相同，在此不再赘述。

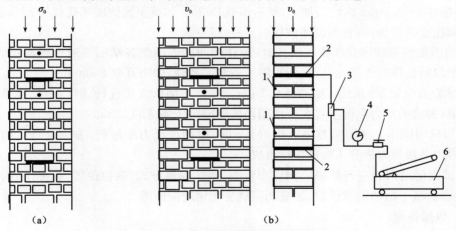

图 4-2 扁顶法测试装置与变形测点布置
(a)测试受压工作应力；(b)测试弹性模量和抗压强度
1—变形测量脚标(两对)；2—扁式液压千斤顶；3—三通接头；4—压力表；5—溢流阀；6—手动油泵

（3）操作步骤

① 实测墙体的受压工作应力时，应符合下列要求：

a. 在选定的墙体上，标出水平槽的位置并应牢固粘贴两对变形测量的脚标。脚标应位于水平槽正中并跨越该槽；脚标之间的标距应相隔 4 皮砖，宜取 250mm。试验前应记录标距值，精确至 0.1mm。

b. 使用手持应变仪或千分表在脚标上测量砌体变形的初读数，应测量 3 次，并取其平均值。

c. 在标出水平槽位置处，剔除水平灰缝内的砂浆。水平槽的尺寸应略大于扁顶尺寸。开凿时不应损伤测点部位的墙体及变形测量脚标。应清理平整槽的四周，除去灰渣。

d. 使用手持式应变仪或千分表在脚标上测量开槽后的砌体变形值,待读数稳定后方可进行下一步试验工作。

e. 在槽内安装扁顶,扁顶上下两面宜垫尺寸相同的钢垫板,并应连接测试设备的油路。

f. 正式测试前,应进行试加荷载试验,试加荷载值可取预估破坏荷载的 10%。检查测试系统的灵活性和可靠性。

g. 正式测试时,应分级加荷。每级荷载应为预估破坏荷载值的 5%,并应在 1.5～2min 内均匀加完,恒载 2min 后测读变形值。当变形值接近开槽前的读数时,应适当减小加荷级差,直至实测变形值达到开槽前的读数,然后卸荷。

② 实测墙内砌体抗压强度或弹性模量时,应符合下列要求:

a. 在完成墙体的受压工作应力测试后,开凿第二条水平槽,上下槽应互相平行、对齐。当选用 250mm×250mm 扁顶时,两槽之间相隔 7 皮砖,净距宜取 430mm;当选用其他尺寸的扁顶时,两槽之间相隔 8 皮砖,净距宜取 490mm,遇有灰缝不规则或砂浆强度较高而难以凿槽的情况,可以在槽孔处取出 1 皮砖,安装扁顶时应采用钢制楔形垫块调整其间隙。

b. 在槽内安装扁顶,扁顶上下两面宜垫尺寸相同的钢垫板,并应连接测试设备的油路。

c. 正式测试前,应进行试加荷载试验,试加荷载值可取预估破坏荷载的 10%。检查测试系统的灵活性和可靠性。

d. 正式测试时,记录油压表初读数,然后分级加荷。每级荷载可取预估破坏荷载的 10%,并应在 1～1.5min 内均匀加完,然后恒载 2min。加荷至预估破坏荷载的 80%后,应按原定加荷速度连续加荷,直至砌体破坏。

e. 当需要测定砌体受压弹性模量时,应在槽间砌体两侧各粘贴一对变形测量脚标,脚标应位于槽间砌体的中部,脚标之间相隔 4 条水平灰缝,净距宜取 250mm。

f. 试验前应记录标距值,精确至 0.1mm。按上述加荷方法进行试验,测记逐级荷载下的变形值,加荷的应力上限不宜大于槽间砌体极限抗压强度的 50%。

g. 当槽间砌体上部压应力小于 0.2MPa 时,应加设反力平衡架,方可进行试验。反力平衡架可由 2 块反力板和 4 根钢拉杆组成。

③ 试验记录内容应包括描绘测点布置图、墙体砌筑方式、扁顶位置、脚标位置、轴向变形值、逐级荷载下的油压表读数、裂缝随荷载变化情况简图等。

(4) 数据处理。

① 根据扁顶的校验结果,应将油压表读数换算为试验荷载值。

② 根据试验结果,应按现行国家标准《砌体基本力学性能试验方法标准》GBJ 129—1990 的方法,计算砌体在有侧向约束情况下的弹性模量;当换算为标准砌体的弹性模量时,计算结果应乘以换算系数 0.85。

墙体的受压工作应力,等于实测变形值达到开凿前的读数时所对应的应力值。

③ 槽间砌体的抗压强度,应按下式计算:

$$f_{uij} = \frac{N_{nij}}{A_{ij}} \qquad (4.8)$$

④ 槽间砌体抗压强度换算为标准砌体的抗压强度,应按下列公式计算:

$$f_{mij} = \frac{f_{uij}}{\varepsilon_{2ij}} \qquad (4.9)$$

$$\varepsilon_{2ij} = 1.18 + 4\frac{\sigma_{0ij}}{f_{uij}} - 4.18\left(\frac{\sigma_{0ij}}{f_{uij}}\right)^2 \tag{4.10}$$

式中　　ε_{2ij}——扁顶法的强度换算系数。

⑤ 测区的砌体抗压强度平均值,应按下式计算:

$$f_{mi} = \frac{1}{n_1}\sum_{j=1}^{n_1} f_{mij} \tag{4.11}$$

式中　　f_{mi}——第 i 个测区的砌体抗压强度平均值(MPa);

　　　　n_1——测区的测点数。

4. 原位砌体通缝单剪法

原位砌体通缝单剪法是指在墙体上沿单个水平灰缝进行抗剪试验,检测砌体抗剪强度的方法,简称原位单剪法。

(1)仪器设备及环境

测试设备:螺旋千斤顶、卧式液压千斤顶、荷载传感器和数字荷载表等。

技术指标:试件的预估破坏荷载值应在千斤顶、传感器最大测量值的 20%～80% 之间;检测前应标定荷载传感器及数字荷载表,其示值相对误差不应大于 3%。

(2)取样与制备要求

原位单剪法适用于推定砖砌体沿通缝截面的抗剪强度。试件具体尺寸应符合图 4-3 的规定。

测试部位宜选在窗洞口或其他洞口下 3 皮砖范围内,试件的加工过程中,应避免扰动被测灰缝。

(3)操作步骤

① 在选定的墙体上,应采用振动较小的工具加工切口,现浇钢筋混凝土传力件(图 4-4)。

② 测量被测灰缝的受剪面尺寸,精确至 1mm。

③ 安装千斤顶及测试仪表,千斤顶的加力轴线与被测灰缝顶面应对齐。

④ 匀速施加水平荷载,并控制试件在 2～5min 内破坏。当试件沿受剪面滑动、千斤顶开始卸荷时,即判定试件达到破坏状态,记录破坏荷载值,结束试验。试验完成后,其砌体的破坏位置,在预定剪切面(灰缝)上,此次试验有效,否则应另行进行试验。

⑤ 加荷试验结束后,翻转已破坏的试件,检查剪切面破坏特征及砌体砌筑质量,并详细记录。

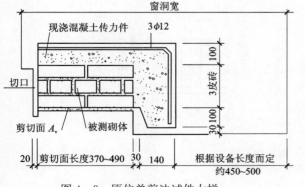

图 4-3 原位单剪法试件大样

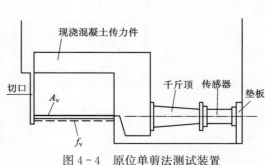

图 4-4 原位单剪法测试装置

（4）数据处理

根据测试仪表的校验结果，进行荷载换算，精确至 10N。

根据试件的破坏荷载和受剪面积，砌体的沿通缝截面抗剪强度：

$$f_{vij} = \frac{N_{vij}}{A_{vij}} \tag{4.12}$$

式中　f_{vij}——第 i 个测区第 j 个测点的砌体沿通缝截面抗剪强度（MPa）；

　　　　N_{vij}——第 i 个测区第 j 个测点的抗剪破坏荷载（N）；

　　　　A_{vij}——第 i 个测区第 j 个测点的受剪面积（mm^2）。

测区的砌体沿通缝截面抗剪强度平均值，应按下式计算：

$$f_{vi} = \frac{1}{n_1} \sum_{j=1}^{n_1} f_{vij} \tag{4.13}$$

式中　f_{vi}——第 i 个测区的砌体沿通缝截面抗剪强度平均值（MPa）。

4.3　砌体砂浆强度的检测方法

砌体砌筑砂浆强度的检测方法主要包括筒压法、回弹法、贯入法（射钉法）等。在实际应用过程中，筒压法一般可用于砂浆抗压强度的检测，而回弹法、贯入法（射钉法）多用于对砂浆抗压强度均匀性的检测。

1. 筒压法

筒压法是将取样砂浆破碎、烘干并筛分成符合一定级配要求的颗粒，装入承压筒并施加筒压荷载后，检测其破损程度（用筒压比表示），以此来推定其抗压强度的方法。

（1）仪器设备及环境

测试设备：承压筒、压力试验机或万能试验机、摇筛机、干燥箱、标准砂石筛、水泥跳桌、托盘天平。

技术指标：压力试验机或万能试验机 50～100kN；标准砂石筛（包括筛盖和底盘）的孔径为 5、10、15mm；托盘天平的称量为 1000g、感量为 0.1g。

（2）取样与制备要求

筒压法适用于推定烧结普通砖墙中的砌筑砂浆强度；不适用于推定遭受火灾、化学侵蚀等砌筑砂浆的强度。筒压法的承压筒构造见图 4-5。

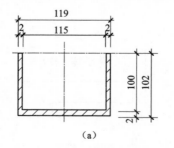
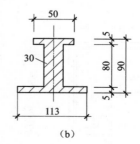

图 4-5　承压筒构造
(a)承压筒剖面；(b)承压盖剖面

筒压法所测试的砂浆品种及其强度范围,应符合下列要求:

① 中、细砂配制的水泥砂浆强度为 2.5～20.0MPa;

② 中、细砂配制的水泥粉煤灰砂浆(以下简称粉煤灰砂浆),砂浆强度为 2.5～15.0MPa;

③ 石灰质石粉砂与中、细砂混合配制的水泥石灰混合砂浆和水泥砂浆(以下简称石粉砂浆),砂浆强度为 2.5～20MPa。

(3) 操作步骤

① 在每一测区,从距墙表面 20mm 以内的水平灰缝中凿取砂浆约 4000g,砂浆片(块)的最小厚度不得小于 5mm。各个测区的砂浆样品应分别放置并编号,不得混淆。

② 使用手锤击碎样品,筛取 5～15mm 的砂浆颗粒约 3000g,在(105±5)℃的温度下烘干至恒重,待冷却至室温后备用。

③ 每次取烘干样品约 1000g,置于孔径 5、10、15mm 标准筛所组成的套筛中,机械摇筛 2min 或手工摇筛 1.5min。称取粒级 5～l0mm 和 10～15mm 的砂浆颗粒各 250g,混合均匀后即为一个试样,共制备三个试样。

④ 每个试样应分两次装入承压筒。每次约装 1/2,在水泥跳桌上跳振 5 次。第二次装料并跳振后,整平表面,安上承压盖。如无水泥跳桌,可按照砂、石紧密体积密度的试验方法颠击密实。

⑤ 将装料的承压筒置于试验机上,盖上承压盖,开动压力试验机,应于 20～40s 内均匀加荷至规定的筒压荷载值后,立即卸荷。不同品种砂浆的筒压荷载值分别为:水泥砂浆、石粉砂浆为 20kN,水泥石灰混合砂浆、粉煤灰砂浆为 10kN。

⑥ 将施压后的试样倒入由孔径 5mm 和 10mm 标准筛组成的套筛中,装入摇筛机摇筛 2min 或人工摇筛 1.5mm,筛至每隔 5s 的筛出量基本相等。

⑦ 称量各筛筛余试样的重量(精确至 0.1g),各筛的分计筛余量和底盘剩余量的总和,与筛分前的试样重量相比,相对差值不得超过试样重量的 0.5%;当超过时,应重新进行试验。

(4) 数据处理

① 标准试样的筒压比,应按下式计算:

$$T_{ij} = \frac{t_1 + t_2}{t_1 + t_2 + t_3} \qquad (4.14)$$

式中　T_{ij}——第 i 个测区中第 j 个试样的筒压比,以小数计;

t_1、t_2、t_3——分别为孔径 5mm,10mm 筛的分计筛余量和底盘中剩余量。

② 测区的砂浆筒压比,应按下式计算:

$$T_i = 1/3(T_{i1} + T_{i2} + T_{i3}) \qquad (4.15)$$

式中　　T_i——第 i 个测区的砂浆筒压比平均值,以小数计,精确至 0.01;

T_{i1}、T_{i2}、T_{i3}——分别为第 i 个测区 3 个标准砂浆试样的筒压比。

③ 根据筒压比,测区的砂浆强度平均值应按下列公式计算:

水泥砂浆:

$$f_{2,i} = 34.58 T_i^{2.06} \qquad (4.16)$$

水泥石灰混合砂浆:

$$f_{2,i} = 6.1 T_i + 11 T_i^2 \qquad (4.17)$$

粉煤灰砂浆：

$$f_{2,i} = 2.52 - 9.4T_i + 32.8T_i^2 \tag{4.18}$$

石粉砂浆：

$$f_{2,i} = 2.7 - 13.9T_i + 44.9T_i^2 \tag{4.19}$$

2. 回弹法

采用砂浆回弹仪检测砌体中砂浆的表面硬度，根据回弹值和碳化深度推定其强度的方法。

（1）仪器设备及环境

测试设备：砂浆回弹仪。

技术指标：砂浆回弹仪应每半年校验一次，在工程检测前后，均应对回弹仪在钢砧上做率定试验，砂浆回弹仪的主要技术指标见表 4-5。

表 4-5　砂浆回弹仪技术性能指标

项　目	指标	项　目	指标
冲击动能(J)	0.196	弹球面曲率半径(mm)	25
弹击锤冲程(mm)	75	在钢砧上率定平均回弹值(R)	74 ± 2
指针滑块的静摩擦力(N)	0.5 ± 0.1	外形尺寸(mm)	$\phi60\times280$

① 回弹法用于推定烧结普通砖砌体中的砌筑砂浆强度；不适用于推定高温、长期浸水、化学侵蚀、火灾等情况下的砂浆抗压强度。

② 测位宜选在承重墙的可测面上，并避开门窗洞口及预埋件等附近的墙体。墙面上每个测位的面积宜大于 0.3m^2。

（2）操作步骤

① 测位处的粉刷层、勾缝砂浆、污物等应清除干净；弹击点处的砂浆表面，应仔细打磨平整，并除去浮灰。

② 每个测位内均匀布置 12 个弹击点。选定弹击点应避开砖的边缘、气孔或松动的砂浆。相邻两弹击点的间距不应小于 20mm。

③ 在每个弹击点上，使用回弹仪连续弹击 3 次，第 1、2 次不读数，仅记读第 3 次回弹值精确至 1 个刻度。测试过程中，回弹仪应始终处于水平状态，其轴线应垂直于砂浆表面，且不得移位。

④ 在每一测位内，选择 1~3 处灰缝，用游标尺和 1% 的酚酞试剂测量砂浆碳化深度，读数应精确至 0.5mm。

（3）数据处理

从每个测位的 12 个回弹值中，分别剔除最大值、最小值，将余下的 10 个回弹值计算算术平均值，以 R 表示。每个测位的平均碳化深度，应取该测位各次测量值的算术平均值，以 d 表示，精确至 0.5mm。平均碳化深度大于 3mm 时，取 3.0mm。

第 i 个测区的第 j 个测位的砂浆强度换算值，应根据该测位的平均回弹值和平均碳化深度值，分别按下列公式计算：

$d \leqslant 1.0$mm 时：

$$f_{2ij} = 13.97 \times 10^{-5} R^{3.57} \tag{4.20}$$

1.0mm$<d<3.0$mm 时：

$$f_{2ij} = 4.85 \times 10^{-4} R^{3.04} \tag{4.21}$$

$d \geqslant 3.0$mm 时：

$$f_{2ij} = 6.34 \times 10^{-5} R^{3.60} \tag{4.22}$$

式中　f_{2ij}——第 i 个测区第 j 个测位的砂浆强度值（MPa）；

$\quad\quad d$——第 i 个测区第 j 个测位的平均碳化深度（mm）；

$\quad\quad R$——第 i 个测区第 j 个测位的平均回弹值。

测区的砂浆抗压强度平均值，应按下式计算：

$$f_{2i} = \frac{1}{n_1} \sum_{j=1}^{n_1} f_{2ij} \tag{4.23}$$

3. 贯入法

采用压缩工作弹簧加荷，把一测钉贯入砂浆中，由测钉的贯入深度通过深度和砂浆抗压强度间的关系（测强曲线）来换算砂浆抗压强度的方法。

（1）仪器设备及环境

测试设备：贯入仪、贯入深度测量表。

技术指标：贯入仪、贯入深度测量表应每年至少校准一次。贯入仪应满足：贯入力应为（800±8）N、工作行程应为（20±0.10）mm；贯入深度测量表应满足：最大量程应为（20±0.02）mm，分度值应为 0.01mm。测钉长度应为（40±0.10）mm，直径应为 3.5mm，尖端锥度应为 45°。测钉量规的量规槽长度应为（39.50±0.10）mm，贯入仪使用时的环境温度应为−4～40℃。

（2）取样与制备要求

贯入法适用于检测自然养护、龄期为 28d 或 28d 以上、自然风干状态、强度为 0.4～16.0MPa 的砌筑砂浆。

检测砌筑砂浆抗压强度时，以面积不大于 25m² 的砌体为一个构件。被检测灰缝应饱满，其厚度不应小于 7mm，并应避开竖缝位置、门窗洞口、后砌洞口和预埋件的边缘。多孔砖砌体和空斗墙砌体的水平灰缝深度应大于 30mm。每一构件应测试 16 点。测点应均匀分布在构件的水平灰缝上，相邻测点水平间距不宜小于 240mm，每条灰缝测点不宜多于 2 点。

检测范围内的饰面层、粉刷层、勾缝砂浆、浮浆以及表面损伤层等，应清除干净；应使待测灰缝砂浆暴露并经打磨平整后再进行检测。

（3）操作步骤

① 试验前先清除测钉上附着的水泥灰渣等杂物，同时用测钉量规检验测钉的长度；如测钉能够通过测钉量规槽时，应重新选用新的测钉。

② 将测钉插入贯入杆的测钉座中，测钉尖端朝外，固定好测钉；用摇柄旋紧螺母，直至挂钩挂上为止，然后将螺母退至贯入杆顶端；将贯入仪扁头对准灰缝中间，并垂直贴在被测砌体灰缝砂浆的表面，握住贯入仪把手，扳动扳机，将测钉贯入被测砂浆中。当测点处的灰

缝砂浆存在空洞或测孔周围砂浆不完整时,该测点应作废,另选测点补测。

③ 贯入深度的测量应按下列程序操作:将测钉拔出,用吹风器将测孔中的粉尘吹干净;将贯入深度测量表扁头对准灰缝,同时将测头插入测孔中,并保持测量表垂直于被测砌体灰缝砂浆的表面,从表盘中直接读取测量表显示值 d'_i,贯入深度应按下式计算:

$$d_i = 20.00 - d'_i \tag{4.24}$$

式中　d'_i——第 i 个测点贯入深度测量表读数,精确至 0.01mm;

　　　d_i——第 i 个测点贯入深度值,精确至 0.01mm。

④ 直接读数不方便时,可用锁紧螺钉锁定测头,然后取下贯入深度测量表读数。

⑤ 当砌体的灰缝经打磨仍难以达到平整时,可在测点处标记,贯入检测前用贯入深度测量表测读测点处的砂浆表面不平整度读数 d_i^0,然后再在测点处进行贯入检测,读取 d'_i,则贯入深度取 $d_i^0 - d'_i$。

（4）数据处理

检测数值中,应将 16 个贯入深度值中的 3 个较大值和 3 个较小值剔除,余下的 10 个贯入深度值取平均值。根据计算所得的构件贯入深度平均值,按不同的砂浆品种由《贯入法检测砌筑砂浆抗压强度技术规程》JGJ/T 136—2001 附录 D 查得其砂浆抗压强度换算值。

在采用《贯入法检测砌筑砂浆抗压强度技术规程》JGJ/T 136—2001 附录 D 的砂浆抗压强度换算表时,应首先进行检测误差验证试验,试验方法可按规程附录 E 的要求进行,试验数量和范围应按检测的对象确定,其检测误差应满足规程第 E.0.10 条的规定,否则应按规程附录 E 的要求建立专用测强曲线。

（5）数据处理与强度推定

① 每一检测单元的强度平均值、标准差和变异系数,应分别按下列公式计算:

$$\mu_f = \frac{1}{n_2} \sum_{j=1}^{n_2} f_i \tag{4.25}$$

$$s = \sqrt{\frac{\sum_{i=1}^{n_2} (\mu_f - f_i)^2}{n_2 - 1}} \tag{4.26}$$

$$\delta = \frac{s}{\mu_f} \tag{4.27}$$

式中　μ_f——同一检测单元的强度平均值(MPa)。当检测砂浆抗压强度时,μ_f 即为 $f_{2,m}$;当检测砌体抗压强度时,μ_f 即为 f_m;当检测砌体抗剪强度时 μ_f 即为 f_{vm};

　　　n_2——同一检测单元的测区数;

　　　f_i——测区的强度代表值(MPa)。当检测砂浆抗压强度时,f_2 即为 f_{2_i};当检测砌体抗压强度时,f_i 即为 f_{mi};当检测砌体抗剪强度时,f_i 即为 f_v;

　　　s——同一检测单元,按 n_2 个测区计算的强度标准差(MPa);

　　　δ——同一检测单元的强度变异系数。

② 砌筑砂浆抗压强度等级推定:

a. 当测区数 n_2 不少于 6 时:

$$f_{2,\mathrm{m}} > f_2 \tag{4.28}$$

$$f_{2,\min} > 0.75 f_2 \tag{4.29}$$

式中　　$f_{2,\mathrm{m}}$——同一检测单元,按测区统计的砂浆抗压强度平均值(MPa);

　　　　f_2——砂浆推定强度等级所对应的立方体抗压强度值(MPa);

　　　　$f_{2,\min}$——同一检测单元,测区砂浆抗压强度的最小值(MPa)。

b. 当测区数 n_2 小于 6 时:

$$f_{2,\min} > f_2 \tag{4.30}$$

c. 当检测结果的变异系数大于 0.35 时,应检查检测结果离散性较大的原因,若系检测单元不当,宜重新划分,并可增加测区数进行补测,然后重新推定。

③ 结果的判定

对于贯入法检测砌体的砂浆强度,其结果的判定,应符合下列要求:

a. 当按单个构件检测时,该构件的砌筑砂浆抗压强度推定值等于该构件的砂浆抗压强度换算值;

b. 当按批抽检时,应按下列公式计算:

$$f_{2,\mathrm{el}}^{\mathrm{c}} = m_{f_2}^{\mathrm{c}} \tag{4.31}$$

$$f_{2,\mathrm{e2}}^{\mathrm{c}} = \frac{f_{2,\min}^{\mathrm{c}}}{0.75} \tag{4.32}$$

式中　　$f_{2,\mathrm{el}}^{\mathrm{c}}$——砂浆抗压强度推定值之一,精确至 0.1MPa;

　　　　$f_{2,\mathrm{e2}}^{\mathrm{c}}$——砂浆抗压强度推定值之二,精确至 0.1MPa;

　　　　$m_{f_2}^{\mathrm{c}}$——同批构件砂浆抗压强度换算值的平均值,精确至 0.1MPa;

　　　　$f_{2,\min}^{\mathrm{c}}$——同批构件中砂浆抗压强度换算值的最小值,精确至 0.1MPa。

取式 4.31 和式 4.32 中的较小值作为该批构件的砌筑砂浆抗压强度推定值 $f_{2,i}^{\mathrm{c}}$。

c. 对于按批抽检的砌体,当该批构件砌筑砂浆抗压强度换算值变异系数不小于 0.3 时,则该批构件应全部按单个构件检测。

4. 砌体抗压强度标准值或砌体沿通缝截面的抗剪强度标准值推定

① 当测区数 n_2 小于 6 时,取同一检测单元中测区强度最低值作为相应抗压或抗剪强度标准值。

② 当测区数 n_2 不小于 6 时:

$$f_{\mathrm{k}} = f_{\mathrm{m}} - k \cdot s \tag{4.33}$$

$$f_{\mathrm{v,k}} = f_{\mathrm{v,m}} - k \cdot s \tag{4.34}$$

式中　　f_{k}——砌体抗压强度标准值(MPa);

　　　　f_{m}——同一检测单元的砌体抗压强度平均值(MPa);

　　　　$f_{\mathrm{v,k}}$——砌体抗剪强度标准值(MPa);

　　　　$f_{\mathrm{v,m}}$——同一检测单元的砌体沿通缝截面的抗剪强度平均值(MPa);

　　　　k——与 a、C、n_2 有关的强度标准值计算系数,见表 4 - 6;

　　　　a——确定强度标准值所取的概率分布分位数,本标准取 $a=0.05$;

　　　　C——置信水平,本标准中 $C=0.60$。

表 4-6　计算系数

n_2	5	6	7	8	9	10	12	15	18
k	2.005	1.947	1.908	1.880	1.858	1.841	1.816	1.790	1.773
n_2	20	25	30	35	40	45	0		
k	1.764	1.748	1.736	1.728	1.721	1.716	1.712		

③ 当砌体抗压强度或抗剪强度检测结果的变异系数 δ 分别大于 0.2 或 0.25 时,应检查检测结果离散性较大的原因,若查明系混入不同总体的样本所致,宜分别进行统计,并分别确定标准值。

5. 实例

(1) 某商业楼为三层砖混结构,±0.000 以上 4.200m 以下墙体,采用 MU 10 承重多孔黏土砖、M10 混合砂浆砌筑,4.200m 以上墙体采用 MU 10 承重多孔黏土砖,M7.5 混合砂浆砌筑。

根据要求,对 4.200m 以上,7.200m 以下(即二层)墙体,作为一个检测单元,抽取 6 片墙体,凿除墙体粉刷层,对其用回弹法进行砌筑砂浆抗压强度等级推定。

① 对每个测位的 12 个回弹值中,分别剔除最大值、最小值,将余下的 10 个回弹值计算算术平均值。

② 根据每个测位的回弹平均值和平均碳化深度,按本项目第 3 节公式 4.20、4.21、4.22 计算该测区相应测位的砂浆抗压强度换算值,计算结果汇总见表 4-7。

表 4-7　回弹法检测砂浆抗压强度换算值汇总表

测区部位	测区数	f_{2i1}(MPa)	f_{2i2}(MPa)	f_{2i3}(MPa)	f_{2i4}(MPa)	f_{2i5}(MPa)	平均值(MPa)
1#墙体	5	8.0	10.2	8.6	7.8	9.2	8.8
2#墙体	5	7.3	9.3	8.6	12.0	6.8	8.8
3#墙体	5	16.4	15.4	12.4	12.0	11.2	13.5
4#墙体	5	9.5	10.2	7.1	10.3	7.6	8.9
5#墙体	5	12.4	9.2	16.8	15.2	13.1	13.3
6#墙体	5	16.8	15.6	14.3	8.7	10.8	13.3

③ 该检测单元的砌筑砂浆抗压强度等级推定

根据公式 3.25、3.26、3.27、3.28、3.29,相关参数的计算结果如下:

最小值:$f_{2,min}=8.77\text{MPa}>0.75f_2=5.63\text{MPa}$;

平均值:$f_{2,m}=11.11\text{MPa}>f_2=7.5\text{MPa}$;

标准差:$s=2.49$;

变异系数:$\delta=s/f_{2,m}=2.49/11.11=0.22<0.35$。

④ 结果判定

该检测单元砌筑砂浆强度等级符合设计要求。

(2) 某住宅楼为五层砖混结构,±0 以上墙体采用 MU10 承重多孔黏土砖,M7.5 混合砂浆砌筑。

根据要求,对±0 以上,3.0m 以下墙体,作为一个检测单元,抽取 6 片墙体,凿除墙体粉刷层,对其用贯入法进行砌筑砂浆抗压强度等级推定。

① 对每个测位的 16 个贯入深度值中,分别剔除 3 个最大值,3 个最小值,将剩余的 10 个贯入深度值取平均值。

② 根据每个测位的贯入深度平均值,由《贯入法检测砌筑砂浆抗压强度技术规程》 JGJ/T 136—2001 附录 D 查得砂浆抗压强度换算值,计算结果汇总见表 4 - 8:

表 4 - 8 贯入法检测砂浆抗压强度换算值汇总表

检测部位	测区	贯入深度平均值 m_{d_j} (mm)	抗压强度换算值 f_{2j}^c (MPa)
一层墙体	1	4.05	7.6
	2	4.00	7.8
	3	3.95	8.0
	4	3.98	7.9
	5	4.07	7.5
	6	4.02	7.7

③ 该检测单元的砌筑砂浆抗压强度等级推定。根据公式 4.25~4.32,相关参数的计算结果如下:

最小值推定值:$f_{2,e1}^c = 7.5/0.75 = 10.0 \text{MPa}$;

平均值推定值:$f_{2,e1}^c = m_{f_2^c} = 7.8 \text{MPa}$;

标准差:$s = 0.21$;

变异系数:$\delta = s/m_{f_2^c} = 0.21/7.8 = 0.03$。

④ 结果判定。该检测单元砌筑砂浆强度等级符合设计要求。

4.4 烧结普通砖强度的检测方法

对于砌体中烧结砖的现场检测方法主要是回弹法。该方法操作简单、方便,对于检测设备及检测人员无特殊要求,数据计算及结果判定方法简单易行。

1. 仪器设备及环境

(1)测试设备

HT75 型砖回弹仪,其技术指标如下:

其弹击动能为 0.735J;

弹击锤与弹击杆碰撞的瞬间,弹击拉簧处于自由状态,此时弹击锤相当于刻度尺的"0"点起跳;

指针滑块与指针导杆间的摩擦力应为(0.5±0.1)N;

弹击杆前端球面曲率半径应为 25mm;

在洛氏硬度 HRC>53 的钢砧上,其率定值应为 74±2;

砖回弹仪应每半年校验一次,在工程检测前后,均应对回弹仪在钢砧上做率定试验。

(2)检测环境要求

用回弹法检测构件混凝土强度,其回弹仪使用时的环境温度应为 -4~40℃。

2. 依据标准

《建筑结构检测技术标准》GB/T 50344—2004；

《回弹仪评定烧结普通砖强度等级方法》JC/T 796—1999。

3. 检测方法

（1）抽样要求

对于检测批的检测，每个检测批中可布置5～10个检测单元，共抽取50～100块砖进行检测，检测块材的数量同时要满足本书"基本规定"中表1的要求。

（2）测试要求

① 测位处的粉刷层、污物等应清除干净，但不能破坏砖面，弹击点处应除去浮灰。

② 回弹测点要布置在外观质量合格砖的条面上，每块砖条面布置5个测点，测点位置宜分布于砖样条面的中间部位，且避开气孔等。测点之间应留有一定的距离（一般宜为30mm）。在每个弹击点上，使用回弹仪弹击一次一读数。测试过程中，回弹仪应始终处于水平状态，其轴线应垂直于砖表面，且不得移位。

4. 数据处理

以每块砖的回弹测试平均值 R_m 为计算参数，按相应的测强曲线计算单块砖的抗压强度换算值，当没有相应的强度换算曲线时，经过试验验证后，可按下式计算单块砖的抗压强度换算值：

黏土砖：$f_{1,i} = 1.08R_{m,i} - 32.5$ ；

页岩砖：$f_{1,i} = 1.06R_{m,i} - 31.4$（精确值小数点后1位）；

煤矸石砖：$f_{1,i} = 1.05R_{m,i} - 27.0$

式中　　$R_{m,i}$——第 i 块砖回弹测试平均值；

　　　　$f_{1,i}$——第 i 块砖抗压强度换算值。

抗压强度的推定，以每块砖的抗压强度换算值为代表值，本书"基本规定"中表1、表2、表3、表4和公式1、2。

回弹法检测烧结普通砖的抗压强度宜配合取样检验的验证。

项目5 构件钢筋间距和保护层厚度检测技术

混凝土构件钢筋间距和保护层厚度是指混凝土表面与钢筋表面间的最小距离。为保证钢筋混凝土构件中钢筋握裹质量，充分发挥构件的承载能力，同时保证混凝土构件内部钢筋不受到外界不良介质的影响而发生锈蚀，保证工程的耐久性，我国的技术规范中对各类构件的保护层厚度均提出了明确的要求，同时对于构件钢筋间距和保护层厚度的检测，也是我们日常检测工作的一项主要内容。

5.1 基本要求

对于构件钢筋间距和保护层厚度的现场检测，要结合被测构件的受力特性、测试条件综合确定检测的具体部位和检测构件的数量。在实施现场检测前，要注意查看工程的技术资料，受检测方法的限制，对于含有铁磁性原材料的混凝土构件的检测，检测结果应用多种方法进行验证。

1. 基本规定

测试部位（取样方法）的一般规定：

① 钢筋保护层厚度检验的结构部位，一般应由监理（建设）、施工等各方根据结构构件的重要性共同选定，在特殊情况下可由委托方和检测单位结合工程实际情况共同选定。

② 对梁类、板类构件，应各抽取构件总数的2%且不少于5个构件进行检验，当有悬挑构件时，其中悬挑构件所占比例不宜小于50%；重点抽测梁、板钢筋受拉部位，且分布于各层。

③ 对选定的梁类构件，应对全部纵向受力钢筋的保护层厚度进行检验；对选定的板类构件，应抽取不少于6根纵向受力钢筋的保护层厚度进行检验。对每根钢筋，应在有代表性的部位测量1点。

④ 对悬挑梁、板构件，测受拉钢筋的保护层时应清除混凝土表面的杂物，并用磨石将表面浮浆等不平整处打平。

2. 检测依据

《混凝土结构工程施工质量验收规范》GB 50204—2002，2010年版；
《混凝土中钢筋检测技术规程》JGJ/T 152—2008。

3. 检前的准备工作

（1）仪器设备

应根据所测钢筋的规格、深度以及间距选择适当的仪器，并按仪器说明书进行操作。采用电池供电的仪器，检测中应确保电源充足，对于既可采用电池供电，也可采用外接电源供电的仪器，应该在两种供电情况下分别对仪器进行校准。仪器在检测前应进行预热或调零，调零时探头必须远离金属物体。

（2）技术资料

① 工程名称及建设、设计、施工、监理单位名称；

② 结构或构件名称以及相应的钢筋设计图纸资料；

③ 混凝土是否采用带有铁磁性的原材料配置；

④ 检测部位钢筋品种、牌号、设计规格、设计保护层厚度、结构构件中是否有预留管道、金属预埋件等；

⑤ 必要的施工记录等相关资料；

⑥ 检测原因。

（3）检测部位（面）的选择及处理

在现场进行检测前，应根据设计资料，确定检测区域钢筋的可能分布状况，并选择适当的检测面。检测面宜为混凝土表面，应清洁、平整，并避开金属预埋件。对于具有饰面层的构件，其饰面层应清洁、平整，并与基体混凝土结合良好。饰面层主体材料以及夹层均不得含有金属。对于含有金属材质的饰面层，应进行清除。对于厚度超过 50mm 的饰面层，宜清除后进行检测，或者钻孔验证。不得在架空的饰面层上进行检测。

5.2 检测方法

常见的检验钢筋混凝土保护层的测试方法，有非破损法（电磁感应法、雷达仪检测法）和局部破损检测法；也可采用非破损的方法并用局部破损方法进行修正。当混凝土构件的原材料中含有铁磁性物质时，JGJ/T 152—2008 中明确规定不适用，即上述方法不适用此情况。

1. 电磁感应法检测技术

（1）基本原理

在电流的作用下，检测仪器内由单个或多个线圈组成的探头产生电磁场，当钢筋或其他金属物体位于该电磁场时，金属所产生的干扰导致磁力线发生变形、电磁场强度的分布改变，这种变化，通过探头（传感器）探测到并重新转变为电流信号，根据电流的变化情况来确定被测钢筋所处的位置即钢筋保护层厚度的测量。另外，如果对所检测的钢筋尺寸和材料进行适当的标定，该方法也可以用于检测钢筋的直径（一般测试结果需进行验证）。

（2）仪器设备

钢筋直径/保护层厚度测试仪

（3）试验步骤

① 设备调零：仪器在检测前应进行预热或调零，调零时探头必须远离金属物体。在检

测过程中,应经常检查仪器是否偏离初始状态并及时进行调零。

② 检测时应先对被测钢筋进行初步定位。将探头有规律的在检测面上移动,直至仪器显示接受信号最强或保护层厚度值最小时,结合设计资料判断钢筋位置,此时探头中心线与钢筋轴线基本重合,在相应位置做号标记。按上述步骤将相邻的其他钢筋逐一标出。

③ 设定好仪器量程范围及钢筋直径,沿被测钢筋轴线选择相邻钢筋影响较小的位置,并应避开钢筋接头,读取指示保护层厚度值。每根钢筋的同一位置重复检测 2 次,每次读取 1 个读数。

④ 对同一处读取的 2 个保护层厚度值相差大于 1mm 时,应检查仪器是否偏离标准状态并及时调整(如重新调零)。不论仪器是否调整,其前次检测数据均舍弃,在该处重新进行 2 次检测并再次比较,如 2 个保护层厚度值相差仍大于 1mm,则应该更换检测仪器或采用钻孔、剔凿的方法核实。

⑤ 当实际保护层厚度值小于仪器最小示值时,可以采用附加垫块的方法进行检测。宜优先选用仪器所附的垫块,自制垫块对仪器不应产生电磁干扰,表面光滑平整,其各方向厚度值偏差不大于 0.1mm。所加垫块厚度 C_0 在计算时应予扣除。

⑥ 检测钢筋间距时,应将连续相邻的被测钢筋一一标出,不得遗漏,并不宜少于 7 根钢筋,然后量测第一根钢筋和最后一根钢筋的轴线距离,并计算其间隔数。

(4)测试要求

① 当钢筋混凝土保护层厚度与钢筋直径比值小于 2.5 且混凝土保护层厚度小于 50mm 时,测试误差不应大于 ±1mm,其他情况下不宜大于 ±5%。

② 当遇到下列情况之一时,应选取至少 30%的已测钢筋且不应小于 6 处(当实际检测数量不到 6 处时应全部抽取),采用钻孔、剔凿等方法验证:仪器要求钢筋直径已知方能确定保护层厚度,而钢筋实际直径未知或有异议;钢筋实际根数、位置与设计有较大偏差;构件饰面层未清除的情况下检测钢筋保护层厚度;钢筋以及混凝土材质与校准试件有显著差异。

③ 钻孔、剔凿的时候不得损坏钢筋,实测采用游标卡尺,量测精度为 0.1mm。

2. 雷达法检测技术

(1)基本原理

由雷达天线发射电磁波,从与混凝土中电学性质不同的物质如钢筋等的界面反射回来,并再次由混凝土表面的天线接收,根据接收到的电磁波来检测反射体(钢筋)的情况。

(2)仪器设备

雷达波检测仪。

(3)检测方法及步骤

① 检测前应根据检测结构构件所采用的混凝土,对雷达仪进行介电常数的校准。

② 根据被测结构或构件中钢筋的排列方向,雷达仪探头或天线垂直于被测钢筋轴线方向扫描,仪器采集并记录下被测部位的反射信号,经过适当处理后,仪器可显示被测部位的断面图像,根据显示的钢筋反射波位置可推算钢筋深度和间距。

(4)测试要求

① 钢筋保护层厚度的检测误差宜小于 ±2mm,任何情况下不得大于 ±5%;钢筋间距的测试偏差宜小于 ±3mm,任何情况下不得大于 ±5%。

② 检测钢筋间距时,被测钢筋根数不宜少于 7 根(6 个间隔)。

③ 遇到下列情况之一时,应选取至少 30%的钢筋且不少于 6 处(当实际检测数量不到 6 处时应全部抽取),采用钻孔、剔凿等方法验证:钢筋实际根数、位置与设计有较大偏差或无资料可参考时;混凝土含水率较高,或者混凝土材质与校准试件差别较大;饰面层电磁性能与混凝土有较大差异;钢筋以及混凝土材质与校准试件有显著差异。

3. 局部破损法检测技术

(1)测试方法

局部破损法是指在结构实体有代表性的部位局部开槽钻孔测定,结果准确,同时由于钢筋已裸露在外,因此也可精确测量其规格和直径。此方法,现场操作比较麻烦,同时对被测构件的表面有所损伤,因此在实施检测前须经委托方的同意,检测完后对构件表面应及时修补。

(2)仪器设备

小型手电钻或凿子、榔头、游标卡尺等。

(3)试验步骤

在需要检测部位,用工具进行微破坏(开槽或钻孔),直至看到所检钢筋,用游标卡尺进行测量钢筋表面距构件表面的距离,精确到 0.1mm。

5.3　结果判定

1. 检测数据处理

(1)按下式计算钢筋的混凝土保护层厚度平均值

$$C_{m,i}^t = (C_1^t + C_2^t - 2C_0)/2 \tag{5.1}$$

式中　$C_{m,i}^t$ ——第 i 测点混凝土保护层厚度平均值,精确至 1mm;

C_1^t 、C_2^t ——第 1、2 次检测的指示保护层厚度值,精确至 1mm;

C_0 ——探头垫块厚度,精确至 0.1mm。

(2)当采用钻孔剔凿方法验证时,应该按下式确定修正系数

$$\eta = \frac{1}{n} \sum_{i=1}^{n} C_i / C_{m,i}^t \tag{5.2}$$

式中　η ——修正系数,精确至 0.01;

C_i ——第 i 测点钢筋的实际保护层厚度值,精确至 0.5mm。

然后将该修正系数乘以指示保护层厚度平均值,得出混凝土保护层厚度值。

(3)检测钢筋间距时,可根据实际需要,采用绘图方式给出结果,可分析被测钢筋的最大间距、最小间距,并按下式计算平均钢筋间距 S

$$S = \frac{l}{n} \tag{5.3}$$

式中　S——钢筋平均间距,精确至 1mm;

l——n 个钢筋间距的总长度,精确至 1mm。

2. 检测结果判定

① 钢筋保护层厚度检验时,纵向受力钢筋保护层厚度的允许偏差,对梁类构件为 +10mm,-7mm;对板类构件为 +8mm,-5mm。

② 纵向受力钢筋的混凝土保护层最小厚度(摘自《混凝土结构设计规范》GB 50010—2010)见表 5-1。

表 5-1　纵向受力钢筋的混凝土保护层最小厚度(mm)

环境类别	板、墙、壳	梁、柱、杆
一	15	20
二 a	20	25
二 b	25	35
三 a	30	40
三 b	40	50

注:1. 混凝土强度等级不大于 C25 时,表中保护层厚度数值应增加 5mm;

　　2. 钢筋混凝土基础宜设置混凝土垫层,基础中钢筋的混凝土保护层厚度应从垫层顶面算起,且不应小于 40mm。

③ 结构实体钢筋保护层厚度验收合格应符合下列规定:

当全部钢筋保护层厚度检验的合格点率为 90% 及以上时,钢筋保护层厚度的检验结果应判为合格;

当全部钢筋保护层厚度检验的合格点率小于 90% 但不小于 80%,可再抽取相同数量的构件进行检验;当按两次抽样总和计算的合格点率为 90% 及以上时,钢筋保护层厚度的检验结果仍应判为合格;

每次抽样检验结果中不合格点的最大偏差均不应大于(对梁类构件为 +10mm,-7mm;对板类构件为 +8mm,-5mm)规定允许偏差的 1.5 倍。

项目6　后置埋件的力学性能检测技术

后置埋件是指通过相关技术手段在既有混凝土结构上安装的锚固件。其中涉及三种客体：结构基材、锚固件和被连接体。后锚固技术具有施工简单、使用灵活，既可用于加固改造工程也可用于新建建筑物等优点，特别是近几年许多既有建筑需要进行加固，或者是被赋予了新的功能，需要进行改造，或是在原建筑物上添加新的建筑，使该项技术得以更加广泛地应用于工程之中。但其受力状态复杂，破坏类型较多，失效概率较大。因此，其作用性能的安全可靠是广大工程界最为关心的核心问题。

6.1　后置埋件的工作原理及分类

1. 后置埋件的工作原理

后置埋件工作的可靠性主要取决于有两个方面：一是锚固件本身的质量，二是后埋置技术。后置埋件作用原理可以分为机械锁定嵌固结合（凸形结合）、摩擦结合和材料结合。凸形结合时，荷载通过锚栓与锚固基础间的机构啮合来传递。此类结合的钻孔须专门与锚栓匹配的钻头进行拓孔，锚栓在拓孔部分与锚固基础形成凸形结合，通过啮合将荷载传给锚固基底。此类锚栓在混凝土结构中具有良好的抗震、抗冲击性能，可以在混凝土受拉区中使用。膨胀式锚栓的作用原理属摩擦结合，膨胀片张开后，使锚栓与孔壁间产生摩阻力。膨胀力可由两种途径产生：扭矩控制和位移控制。扭矩控制是用力矩扳手达到规定的安装扭矩后，膨胀片张开。位移控制是把扩充锥体敲击入膨胀套管内，达到规定的打入行程后，膨胀片张开。第三种是材料结合，即通过胶合体将荷载传给锚固基础，如当今应用很广泛的植筋技术。

2. 后置埋件的分类

后置埋件可以简单分为两大类：植筋和使用锚栓锚固。

（1）锚栓的分类

锚栓可分为机械锚栓和粘结型锚栓

按受力锚栓的个数可分为单锚、双锚以及群锚。

锚栓按工作原理以及构造的不同可分为：膨胀型锚栓（按照形成膨胀力来源分为扭矩控制式和位移控制式）、扩孔型锚栓（按照扩孔方式可分为自扩孔和预扩孔）、化学植筋以及长螺杆等。

　①　膨胀型锚栓：利用膨胀件挤压锚孔孔壁形成锚固作用的锚栓。

　②　扩孔型锚栓：通过锚孔底部扩孔与锚栓膨胀件之间的销键形成锚固作用的锚栓。

（2）化学植筋

以化学胶粘剂——锚固胶,将带肋钢筋及长螺杆等胶结固定于混凝土基材锚孔中的一种后锚固生根钢筋。

6.2　检测基本规定

1. 基本规定

在混凝土后锚固工程中,为确定建筑锚栓在承载能力极限状态和正常使用极限状态下的抗拔和抗剪性能,保证建筑锚栓的施工质量和相关建筑物的安全使用,必须进行建筑锚栓抗拔力和抗剪性能的现场抽样检测。

锚栓抗拔承载力现场检验可分为非破坏性检验和破坏性检验。对于一般结构及非结构构件,可采用非破坏性检验;对于重要结构构件及生命线工程非结构构件应采用破坏性检验,但必须注意做破坏性试验时应选择修补容易、受力较小的次要部位。

2. 检测依据

《混凝土结构后锚固技术规程》JGJ 145—2013;

《混凝土结构设计规范》GB 50010—2010;

《混凝土用膨胀型、扩孔型建筑锚栓》JG 160—2004。

3. 试验装置

现场检验用的主要有拉拔仪、电子荷载位移测量仪和计算机等,包括检测和记录设备。

（1）测力系统应符合以下要求:

① 最大试验荷载应为压力表和千斤顶的量程的 20%～80%,压力表精度应优于或等于 0.4 级;

② 加荷设备应能按规定的速度加荷,测力系统整机误差不应超过全量程的±2%;

③ 试验装置应有足够大的刚度,试验中不应变形。抗拔试验时,应保持施加的荷载与建筑锚栓轴线或与群锚合力线重合;抗剪试验时,应保持施加的荷载与建筑锚栓轴线垂直;

④ 仪器、设备安装位置应不影响位移测试,并位于试件变形和破坏影响范围以外区域;

⑤ 测力系统应具有峰值保持功能。

（2）当后锚固设计中对锚栓或化学植筋的位移有规定时需对位移进行测量,对于位移的测量应满足下列要求:

① 位移测量可采用位移传感器或百分表,位移测量误差不应超过 0.02mm。

② 位移基准点应位于锚栓破坏影响范围以外。抗拔试验时,至少应对称于建筑锚栓轴线,布设两个位移基准点;抗剪试验时,位移基准点应布设于沿剪切荷载的作用方向。

③ 测量方法有两种:连续测量和分阶段测量;位移测量记录仪宜能连续记录。当不能连续记录荷载位移曲线时,可分阶段记录,在到达荷载峰值前,记录点应在 10 点以上。

（3）加载架支点至建筑锚栓轴心的距离不应小于表 6-1 的规定,位移测量基准点应位于加载架外侧区域,且与加载架支点的间距应不小于 10cm。

表 6 - 1　加载架支点至建筑锚栓轴心最小距离要求

试验类型		加载架支点至锚栓轴心距离
抗　拔	机械锚栓	$2.0h_{ef}$
	粘结型锚栓、植筋和植螺杆	$0.5h_{ef}$
抗　剪		$2.0c_1$

（4）加荷设备支承环内径 D_0 应满足下述要求：化学植筋 D_0 不小于 $\max(12d,250mm)$，膨胀型锚栓和扩孔型锚栓 D_0 不小于 $4h_{ef}$；支承环过小会导致破坏形态发生变化，限制混凝土锥体破坏直径，并有可能导致出现锚栓受拉破坏，使测量结果变大。

4. 适用范围及条件

现场检测所选用的建筑锚栓宜符合以下规定：
① 安全等级为一级的后锚固构件；
② 悬挑结构和构件；
③ 对后锚固设计参数有疑问；
④ 对该工程锚固质量有怀疑；
⑤ 受现场条件限制无法进行原位破坏性检验时，可在工程施工的同时，现场浇筑同条件的混凝土块体作为基材安装锚固件，并应按规定的时间进行破坏性检验，且应事先征得设计和监理单位的书面同意，并在现场见证试验。
⑥ 受检的建筑锚栓可采用随机抽样方法取样。随机取样方法很多，有一次随机取样法、二次随机取样法、机械随机取样法。

后锚固件应进行抗拔承载力现场非破损检验，满足上述条件①～⑤之一时还应进行破坏性检验。

5. 抽样规则

锚固质量现场检验抽样时，应以同品种、同规格、同强度等级的锚固件安于锚固部位基本相同的同类构件为一检验批，并应从每一检验批所含的锚固件中进行抽样。

现场破坏性检验宜选择锚固区以外的同条件位置，应取每一检验批锚固件总数的 0.1% 且不少于 5 件进行检验。锚固件为植筋且数量不超过 100 件时，可取 3 件进行检验。

现场非破损检验的抽样数量，应符合下列规定：

（1）锚栓锚固质量的非破损检验

① 对重要结构构件及生命线工程的非结构构件，应按表 6 - 2 规定的抽样数量对该检验批的锚栓进行检验；

表 6 - 2　重要结构构件及生命线工程的非结构构件锚栓锚固质量非破损检验抽样表

检验批的锚栓总数	≤100	500	1000	2500	≥5000
按检验批锚栓总数计算的最小抽样量	20% 且不少于 5 件	10%	7%	4%	3%

注：锚栓总数介于两栏数量之间时，可按线性内插法确定抽样数量。

② 对一般结构构件,应取重要结构构件抽样量的 50% 且不少于 5 件进行检验;

③ 对非生命线工程的非结构构件,应取每一检验批锚固件总数的 0.1% 且不少于 5 件进行检验。

（2）植筋锚固质量的非破损检验

① 对重要结构构件及生命线工程的非结构构件,应取每一检验批植筋总数的 3% 且不少于 5 件进行检验;

② 对一般结构构件,应取每一检验批植筋总数的 1% 且不少于 3 件进行检验;

③ 对非生命线工程的非结构构件,应取每一检验批锚固件总数的 0.1% 且不少于 3 件进行检验。

（3）胶粘的锚固件检验

胶粘的锚固件,其检验宜在锚固胶达到其产品说明书标示的固化时间的当天进行。若因故需推迟抽样与检验日期,除应征得监理单位同意外,推迟不应超过 3d。

6.3　检验方法

1. 试验前的准备工作

① 试验前应检测试验装置,使各部件均处于正常状态。

② 位移测量仪应安装在锚栓、植筋或植螺杆根部,位移值的计算应减去锚栓、植筋或植螺杆的变形量。

③ 群锚试验时加载板的安装应确保每一锚栓的承载比例与设计要求相符。

④ 抗拔试验装置应紧固于结构部位,并保证施加的荷载直接传递至试件,且荷载作用线应与试件轴线垂直;剪切板的厚度应不小于试件的直径;剪切板的孔径应比试件直径大 (1.5 ± 0.75) mm,且边缘应倒角磨圆。

⑤ 建筑锚栓抗剪试验时,应在剪切板与结构表面之间放置最大厚度为 2.0mm 的平滑的垫片（如聚四氟乙烯）,以使锚栓直接承受剪力。

⑥ 若试验过程中出现试验装置倾斜、结构基材边缘开裂等异常情况时,应将该试验值舍去,另行选择一个试件重新试验。

2. 检测条件

① 在工程现场外进行试验时,试件及相关条件应与工程中采用的建筑锚栓的类型、规格型号、基材强度等级、施工工艺和环境条件等相同。

② 在工程现场检测时,当现场操作环境不符合仪器设备的使用要求时,应采取有效的防护措施。

③ 基材强度和结构胶的强度,应达到规定的设计强度等级。

④ 试件的环境温度和湿度应与给定锚固系统的参数要求相适应。

⑤ 试验需要等到混凝土以及锚固胶到达规定的龄期,否则,不宜试验或需要在报告中注明。

3. 最大试验荷载的确定

对于确定建筑锚栓的抗拔和抗剪极限承载力的试验,应进行破坏性试验,即加载至建筑锚栓出现破坏形态;对于建筑锚栓的抗拔和抗剪性能的工程验收性试验,应进行非破坏性试验。

若以钢材破坏作为建筑锚栓设计时采用的破坏类型,最大试验荷载不应大于式(6.1)和式(6.2)的计算值。

$$N_{max} = 0.9 f_{yk} A_s \tag{6.1}$$
$$V_{max} = 0.45 f_{stk} A_s \tag{6.2}$$

式中　　N_{max}——最大拉拔试验荷载;

　　　　V_{max}——最大剪切试验荷载;

　　　　f_{yk}——锚杆或钢筋强度标准值;

　　　　f_{stk}——锚杆或钢筋极限抗拉强度;

　　　　A_s——锚杆或钢筋截面面积。

按照建筑锚栓设计时采用的破坏类型,最大试验荷载应按式(6.3)确定,且最大拉拔试验荷载和最大剪切试验荷载分布不应大于式(6.1)和式(6.2)所确定的荷载值。

$$F_{max} = \gamma_a \gamma_u R_{Rd} \tag{6.3}$$

式中　　F_{max}——最大试验荷载;

　　　　R_{Rd}——承载力设计值;

　　　　γ_R——锚固承载力分项系数,应按表6-3采用,当有充分试验依据和可靠使用经验,并经国家指定的职能机构技术认证许可后,其值可作适当调整;

　　　　γ_u——锚固重要性系数。

表6-3　锚固承载力分项系数 γ_a

项次	符号	被连接结构类型 锚固破坏类型	结构构件	非结构构件
1	$\gamma_{Rc,N}$	混凝土锥体受拉破坏	3.0	1.8
2	$\gamma_{Rc,V}$	混凝土楔形体受剪破坏	2.5	1.5
3	γ_{Rp}	混合破坏	3.0	1.8
4	γ_{Rsp}	混凝土劈裂破坏	3.0	1.8
5	γ_{Rcp}	混凝土剪撬破坏	2.5	1.5
6	$\gamma_{Rc,N}$	锚栓钢材受拉破坏	1.3	1.2
7	$\gamma_{Rs,V}$	锚栓钢材受剪破坏	1.3	1.2

4. 试验的具体过程

(1)加载方法与位移量测

检验锚固拉拔承载力的加载方式可为连续加载或分级加载,可根据实际条件选用。

进行非破损检验时,施加荷载应符合下列规定:

① 连续加载时,应以均匀速率在2~3min时间内加载至设定的检验荷载,并持荷2min;

② 分级加载时,应将设定的检验荷载均分为 10 级,每级持荷 1min,直至设定的检验荷载,并持荷 2min;

③ 荷载检验值应取 $0.9f_{yk}$ 人和 $0.8N_{R_k}$ 的较小值。N_{R_k} 为非钢材破坏承载力标准值。进行破坏性检验时,施加荷载应符合下列规定:

当需根据锚栓的荷载-位移数据来确定刚度或承载力时,应采用连续加载法;当验证锚栓的承载能力时,上述两种方法均适用。

当抗拉试验出现装置倾斜、基材边缘劈裂等异常情况,或当抗剪试验出现试验装置或基材损坏等异常时,应做详细记录,并将该试验值舍去,另行选择一个试件进行补测。

(2) 终止加载条件

当出现下列情况之一时,可终止加载:

① 当试验荷载大于建筑锚栓承载力设计值后,在某级荷载作用下,建筑锚栓的位移量大于前一级荷载作用下位移量的 5 倍;

注:当建筑锚栓位移量小于 1.0mm 时,宜加载至位移量超过 1.0mm。

② 在某级荷载作用下,建筑锚栓的总位移量大于 1.0mm 或设计提出的位移量控制标准;

③ 建筑锚栓或基体出现裂缝或破坏现象;

④ 试验设备出现不适于继续承载的状态;

⑤ 建筑锚栓拉出或拉断、剪断;

⑥ 化学粘结锚栓与基体之间粘结破坏;

⑦ 试验荷载达到设计要求的最大加载量。

(3) 破坏形态

① 机械锚栓的锚固破坏形态分为锚栓破坏、基体破坏和锚栓拔出/(穿出)破坏三类,如图 6-1、图 6-2 所示。

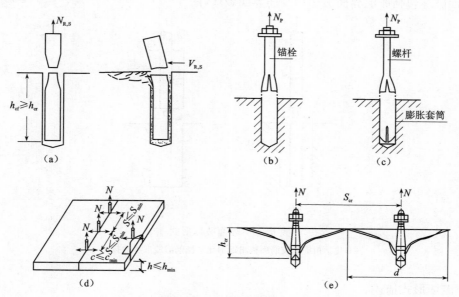

图 6-1　机械锚栓拉拔破坏形态

(a)锚体钢材拉断及剪坏;(b)机械锚栓拔出破坏;(c)机械锚栓穿出破坏;
(d)基材劈裂破坏;(e)混凝土锥体部位破坏

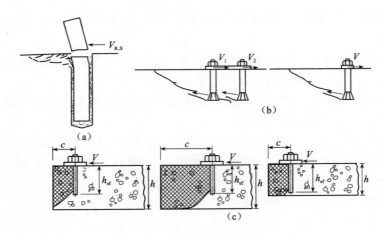

图 6-2　建筑锚栓剪切破坏形态

(a)锚体钢材剪切破坏;(b)基材剪撬破坏;(c)混凝土边缘楔形体受剪破坏

锚栓破坏:包括锚栓拉断、剪坏或拉剪组合受力破坏。

混凝土基体破坏:包括混凝土锥体受拉破坏、混凝土楔形体受剪破坏、基体边缘破坏及混凝土劈裂破坏等。

锚栓拔出/(穿出)破坏,包括拔出破坏和穿出破坏。

② 粘结性锚栓、植筋和植螺杆的破坏形态分为钢材破坏、基材破坏和界面破坏三类。

钢材破坏包括锚杆、螺杆钢筋拉断、剪坏或拉剪组合受力破坏。

基体破坏包括混凝土锥体受拉破坏、混凝土楔形体受剪破坏、基体边缘破坏及混凝土劈裂破坏。

界面破坏包括胶混界面破坏和胶筋界面破坏(图 6-3)。

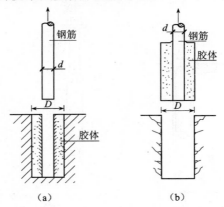

图 6-3　界面破坏形式

(a)化学植筋沿胶筋面拔出;(b)化学植筋沿胶混界面拔出

③ 破坏形式描述。

混凝土锥体破坏:锚栓受拉时混凝土基材形成以锚栓为中心的倒锥体破坏形式。

混凝土边缘破坏:基材边缘受剪时形成以锚栓轴为顶点的混凝土楔形体破坏形式。

拔出破坏:拉力作用下锚栓整体从锚孔中被拉出的破坏形式。

穿出破坏:拉力作用下锚栓膨胀锥从套筒中被拉出而膨胀套仍留在锚孔中的破坏形式。

剪撬破坏:中心受剪时基材混凝土沿反方向被锚栓撬坏。

劈裂破坏:基材混凝土因锚栓膨胀挤压力而沿锚栓轴线或若干锚栓轴线连线的开裂破坏形式。

胶筋界面破坏:化学植筋或粘结型锚栓受拉时,沿胶粘剂与钢筋界面的拔出破坏形式。

胶混界面破坏:化学植筋受拉时,沿胶粘剂与混凝土孔壁界面的拔出破坏形式。

④ 破坏类型及影响因素。现将锚栓类型及相应的锚栓破坏类型、破坏荷载、影响破坏荷载的因素、常发生的场合归纳为表6-4。

表6-4　锚栓破坏类型及影响因素

破坏类型	锚栓类型	破坏荷载	影响破坏荷载因素	常发生场合
锚栓或锚筋钢材破坏(拉断破坏、剪切破坏、拉剪破坏等)	膨胀型锚栓 扩孔型锚栓 化学植筋	有塑性变形破坏荷载一般较高、离散性小	锚栓或植筋本身性能为主要控制因素	锚固深度较深、混凝土强度高、锚固区钢筋密集、锚栓或锚筋材质差以及有效截面面积小
混凝土锥体破坏	膨胀型锚栓 扩孔型锚栓	破坏为脆性、离散性大	混凝土强度、锚固深度	机械锚固受拉场合,特别是粗短锚固
混合破坏形式	化学植筋 粘结锚固	脆性比混凝土锥体破坏小,锚固件有明显位移	锚固深度、胶粘剂性能以及混凝土强度	锚固深度小于临界深度
混凝土边缘破坏	机械锚固 化学植筋	楔形体破坏,锚固件位置有一定偏移	边距、锚固深度、锚栓外径、混凝土抗剪强度	机械锚固受剪且距边缘较近的场合
剪撬破坏	机械锚固 化学植筋	锚固件位置有一定偏移	锚栓类型、混凝土抗剪强度	基材中部受剪,一般为粗短锚栓
劈裂破坏	群锚	脆性破坏,本质为混凝土抗拉破坏	锚栓类型、边距、间距、基材厚度	锚栓轴线或群锚轴线连线
拔出破坏	机械锚	承载力低、离散性大	施工质量	施工安装
穿出破坏	膨胀型锚栓	离散性较大、脆性破坏	锚栓质量	膨胀套筒材质软或薄、接触面过于光滑
胶筋界面破坏	化学植筋	脆性破坏	锚固胶质量、钢筋表面胶粘剂强度低、施工质量、混凝土强度高、钢筋密集、钢筋表面光滑	
胶混界面破坏	化学植筋	脆性破坏	锚孔质量、混凝土强度	除尘干燥、混凝土强度低的锚孔表面

6.4 数据处理与结果评定

1. 非破坏性检验

非破损检验的评定,应按下列规定进行:

① 试样在持荷期间,锚固件无滑移、基材混凝土无裂纹或其他局部损坏迹象出现,且加载装置的荷载示值在 2min 内无下降或下降幅度不超过 5% 的检验荷载时,应评定为合格;

② 一个检验批所抽取的试样全部合格时,该检验批应评定为合格检验批;

③ 一个检验批中不合格的试样不超过 5% 时,应另抽 3 根试样进行破坏性检验,若检验结果全部合格,该检验批仍可评定为合格检验批;

④ 一个检验批中不合格的试样超过 5% 时,该检验批应评定为不合格,且不应重做检验。

2. 破坏性检验

锚栓破坏性检验发生混凝土破坏,检验结果满足下列要求时,其锚固质量应评定为合格:

$$N_{R_m}^c \geqslant \gamma_{u\,lim} N_{R_k} \tag{6.4}$$

$$N_{R_{min}}^c \geqslant N_{R_k} \tag{6.5}$$

式中　$N_{R_m}^c$ ——受检验锚固件极限抗拔力实测平均值(N);

　　　$N_{R_{min}}^c$ ——受检验锚固件极限抗拔力实测最小值(N);

　　　N_{R_k} ——混凝土破坏受检验锚固件极限抗拔力标准值(N);

　　　$\gamma_{u\,lim}$ ——锚固承载力检验系数允许值,$\gamma_{u\,lim}$ 取为 1.10。

锚栓破坏性检验发生钢材破坏,检验结果满足下列要求时,其锚固质量应评定为合格。

$$N_{R_{min}}^c = \frac{f_{stk}}{f_{yk}} N_{R_k,s} \tag{6.6}$$

式中　　$N_{R_{min}}^c$ ——受检验锚固件极限抗拔力实测最小值(N);

　　　$N_{R_k,s}$ ——锚栓钢材破坏受拉承载力标准值(N)。

植筋破坏性检验结果满足下列要求时,其锚固质量应评定为合格:

$$N_{R_m}^c = 1.45 f_y A_s \tag{6.7}$$

$$N_{R_{min}}^c = 1.25 f_y A_s \tag{6.8}$$

式中　　$N_{R_m}^c$ ——受检验锚固件极限抗拔力实测平均值(N);

　　　$N_{R_{min}}^c$ ——受检验锚固件极限抗拔力实测最小值(N);

　　　f_y ——植筋用钢筋的抗拉强度设计值(N/mm²);

　　　A_s ——钢筋截面面积(mm²)。

当检验结果不满足以上要求的规定时,应判定该检验批后锚固连接不合格,并应会同有关部门根据检验结果,研究采取专门措施处理。

项目 7　钢结构的无损检测

钢结构由构件通过焊接或螺栓连接而成,其制作材料一般由钢厂批量生产,并有合格证明,强度以及化学成分有良好保证。因此,钢结构检测较之于混凝土结构,其检测重点不在材料的强度上,而在结构和构件的缺陷与变形上,焊接质量和钢材锈蚀程度的确定,多采用无损检测。

7.1　构件的检测

钢结构的杆件、连接板、腹板、翼缘板等部件均不应弯曲或变形,也不应出现裂缝或损伤。因为弯曲和变形会产生附加应力,而裂缝和损伤会削弱杆件的承载能力。而钢结构在使用阶段如产生过大的整体变形,则表明结构的承载能力或稳定性不能满足使用需要。

1. 结构的变形检测

钢结构整体变形的检查内容和方法如下:

① 梁和桁架的整体变形表现为垂直变形(即挠度)和侧向变形两个方面。检查时,可先目测结构是否有异常变形现象,如下弦挠度过大;上、下弦或桁架平面出现扭曲;屋面局部低陷不平;与梁架有关的吊顶、粉饰等装修开裂等。对目测有异常变形的梁、桁架再进一步用弦线或细铁线在桁架弦杆或梁的翼缘两端拉紧,在有关检测点测量出弦线与弦杆(或梁)中线的垂直矢距(桁架平面内或梁的受弯平面内)或水平矢距(桁架平面外或梁的受弯平面外),如图 7-1 所示。

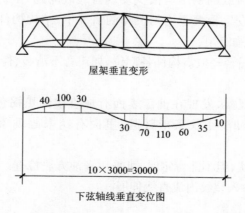

屋架垂直变形

下弦轴线垂直变位图

图 7-1　屋架垂直变形与下弦轴线垂直变位图

② 柱子的整体变形表现为柱身的倾斜或挠曲。检查时应分别对横向(受力主平面内)和纵向(垂直于受力主平面)两个方向进行测定,亦先通过目测检查,再对有异常现象的部位,用经纬仪或自柱顶吊挂线锤的方法,量出柱身有关各点偏离垂线的距离,并以此距离绘制柱身轴线变位图。

2. 杆件弯曲和变形的检测

杆件弯曲的检查方法与检查整体变形相同,可用弦线或细铁线在杆件的两端选点张拉,加以比较量测。

受压弦杆的纵向弯曲在杆件相邻两支点间(即杆件自由长度)的挠曲矢高不应大于 $L/1000$(L 为支点间长度),且不大于 10mm。如超过此值,必须以杆件的最大内力及实际测得的变形数据,按偏心受压杆验算。

若承载能力和稳定性不能满足要求,则需加固:

当 $f \leqslant L/500$ 时,可不设辅助支承;

当 $f > L/500$ 时,则加固后仍设辅助支承,以防止变形进一步发展。

受静荷载的受拉杆的弯曲,对杆件本身来说是不危险的,但当弯曲变形过大时,对杆件进行修整矫直会导致杆件系统的较大变形,故检查中拉杆允许弯曲度一般不应大于 $L/100$,否则就应予修整矫直或采取其他加固措施。当弯曲度 $f > L/30$ 时,应考虑在修整矫直过程中节点间距变更的影响。

连接板、腹板、翼缘板等钢板的翘曲,可用直尺靠近,比较量测。

腹板的局部挠曲,在 1m 范围内的挠曲矢高不应大于 1.5mm,否则也应进行验算。此时的梁、柱截面中应扣除腹板凸起的一部分截面积,若验算结果强度不足时,应在截面的受压区采取加固措施。

3. 裂缝与损伤的检测

(1)一般钢结构裂缝检测

钢结构的裂缝大都出现在承受动力荷载的构件(如吊车梁)上,其他受冲击的结构也有裂缝产生,一般承受静力荷载的钢结构极少发现有裂缝问题,但仍应周密检查。因为在使用不当、严重超载或地基发生较大不均匀沉降的情况下,结构构件的薄弱部位也有可能出现裂缝。裂缝检查的方法如下:

① 用包有橡皮的木槌轻轻敲击构件各部位,如声音不清脆、传音不均、有突然中断等情况,可肯定有裂纹或损伤。

② 用 10 倍放大镜观察,发现在油漆表面有成直线的黑褐色锈痕,油漆表面有细而直的开裂、锯齿形开裂、油漆小块条形鼓起、里面有锈末等现象时,应将油漆铲去仔细检查。

③ 当发现有裂纹症状,但不能肯定时,可采用滴油方法检查。不存在裂纹时,油渍成圆弧状扩散;有裂纹时,油渗入裂纹内成直线伸展。

(2)重要钢结构损伤检测

对于重要结构构件的损伤,可采用涡流、磁粉和渗透等无损检测技术检测。

① 涡流检测建立在电磁感应理论基础上。将一个交变电源施加在检测线圈上,供给其激励电流,则检测线圈周围建立一个交变磁场,即激励磁场。当导体被测件靠近激励磁场时,磁场通过电磁感应对其形成磁化并在被测件内感应出涡流。与此同时,涡流又会在被测件内及其周围建立一个涡流磁场,该磁场的交变频率与激励磁场的交变频率相同。由楞次定律可知,涡流磁场的变化与激励磁场刚好相反,正好起到削弱并力图抵消激励磁场的作用。这种作用的程度取决于被测件的材质、导磁和导电性能、涡流所流经路途上是否存在缺陷以及物理、化学等多种因素的影响。因此,在检测中,若构件无缺陷,在激励作用下被测件内感应出的涡流流动呈现同一形状;若被测件上有缺陷,如裂纹时,就破坏了原来涡流流动的路径,使其发生畸变,涡流磁场也随之发生变化。借助检测线圈或其他敏感元件对涡流磁场是否发生畸变以及变化程度进行有效的检测,就能实现利用涡流对构件无损检测的目的。

② 磁粉检测:借助外加磁场将待测构件(只能是铁磁性材料)进行磁化,被磁化后的构件上若不存在缺陷,则它各部分的磁特性基本一致且呈现较高的磁导率,而存在裂纹、气孔或非金属夹渣等缺陷时,由于它们会在构件上造成气隙或不导磁的间隙,它们的磁导率远远小于无缺陷部位的磁导率,致使缺陷部位的磁阻大大增加。磁导率在此产生突变,构件内磁力线的正常传播遭到阻隔,这时磁化场的磁力线就被迫改变路径而逸出构件,并在工作表面形成漏磁场,如图 7-2 所示。

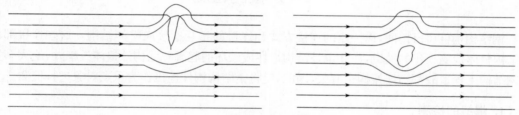

图 7-2　漏磁场的形成

漏磁场的强度主要取决于磁化场的强度和缺陷对于磁化场垂直截面的影响程度。利用磁粉或其他磁敏感元件,就可以将漏磁场显示或测量出来,从而分析判断出缺陷的存在与否及其位置和大小。检测时可将铁磁性材料的粉末撒在构件上,在有漏磁场的位置磁粉就被吸附,从而形成显示缺陷形状的磁痕,磁粉检测能比较直观地检测出缺陷。这种方法是应用最早、最广泛的一种无损检测方法。它分为干法(将磁粉直接撒在被测构件表面)和湿法(将磁粉悬浮于载液如水或煤油之中形成磁悬液喷撒于被测构件表面)两种,磁粉检测方法简单实用,能适用于各种形状和大小以及不同工艺加工制造的铁磁性金属材料表面缺陷检测,但不能确定缺陷深度。

③ 渗透检测。液体对固体的湿润能力和毛细现象作用是渗透检测的基础。检测时,首先将具有良好渗透力的渗透液涂在被测构件表面,由于渗透和毛细作用,渗透液便渗入构件上开口型的缺陷当中,然后对构件表面进行净化处理,将多余的渗透液清洗掉,再涂上一层显像剂,将渗入并滞留在缺陷中的渗透液吸出来,就能得到被放大了的缺陷的清晰显示,从而达到检测缺陷的目的。渗透检测法的检测示意如图 7-3 所示。

渗透检测可同时检出不同方向的各类表面缺陷,但不能检测非表面缺陷。

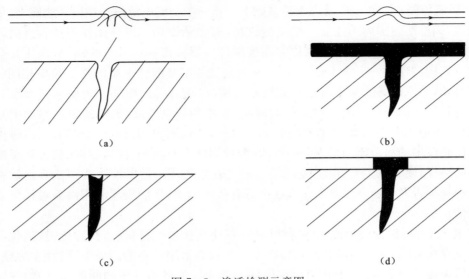

图 7-3　渗透检测示意图
(a)渗透前；(b)参透后；(c)清洗前；(d)清洗后

7.2　连接的检测

　　钢结构构件(杆件)间,以一定的连接方式和连接件相互连接成整体结构。这些连接部位是结构整体检测工作的关键,往往也是结构损坏或破坏的起源。除构件整体失稳外,绝大多数的钢结构工程事故都与连接构造有关,因此,应将钢结构构件连接作为重点对象进行检测。

1. 焊缝的检测

　　焊缝的检测按《钢结构设计规范》GB 50017—2012 规定有两种方法:普通方法(指外观检查、测量尺寸、钻孔检查等)和精确方法(指在普通方法的基础上,用 X 射线、超声波等方法进行的补充检查)。对于重要结构或要求焊接金属强度等于被焊金属强度的对接焊缝,必须用精确方法进行检查。

　　(1)普通方法检查焊缝

　　① 外观检查。将焊缝上的污垢除净后凭肉眼(用放大 5～20 倍的放大镜)检查焊缝的外观质量,如焊缝咬边、焊缝表面波纹、飞溅情况、焊缝弧坑、焊瘤、表面气孔、夹渣和裂纹等。焊缝质量在外观上要求具有细鳞形表面,无折皱间断和未焊满的陷槽,并与基本金属平缓连接。

　　② 测量尺寸。焊缝的外形尺寸一般用焊缝检验尺测量。焊缝检验尺由主尺、多用尺和高度标尺构成,可用于测量焊接母材的坡口角度、间隙、错位、焊缝高度、焊缝宽度和角焊缝高度。如图 7-4 所示。

　　③ 钻孔检查。在重要的结构中,对焊缝外观检查中的可疑之处再用钻孔方法进行检查,检查焊缝是否有气孔、夹渣、未焊透和裂纹等。钻孔检查用的钻头应磨成 90°角,钻头直径为 8～12mm。钻孔深度根据焊缝情况确定,一般的对接焊缝钻孔深度为焊件厚度的 2/3,

贴角焊缝可达焊件厚度的 1～1.5 倍。边钻边检查,钻孔后还可用 10% 硝酸溶液作侵蚀检验,以检查微小缺陷,查完后再补满孔眼。

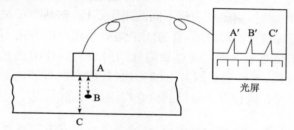

图 7-4　脉冲反射式纵波探伤示意图

(2) 精确方法检查焊缝

① 超声波探伤。超声波是目前使用最为广泛的探伤方法。利用超声波的强穿透力,良好的方向性和传播过程中遇到不同介质的分界面时所发生反射、折射、绕射和波形转换等特性,可探测到尺寸约为其波长 1/2 的极小的内部缺陷,对材料内部缺陷反映也较灵敏,但对缺陷的性质不易识别。超声波用于钢结构探伤采用脉冲反射法,根据检测时采用波形的不同可分为纵波探伤和横波探伤。

纵波探伤时使用直探头,超声波与探头的面成垂直向前传播。如图 7-4 所示,超声波如遇到缺陷或构件底面,就会产生反射波,反射波在探头中转换成电振荡,经接收电路后在光屏上产生伤脉冲和底脉冲。根据始脉冲(构件界画处反射波引起)、伤脉冲和底脉冲波形之间的间距之比等于所对应的构件中构件界面、缺陷和底面的高度之比,即可求出缺陷的位置。

横波探伤使用斜探头,探入射角分为 30°、40° 和 50° 的探头,主要用于焊缝探伤。使用时,可采用三角试块比较法。如图 7-5 所示,当采用入射角为 50° 的探头时,在钢中的横波折射为 65°,仿此制作一个有 65° 角的直角三角形试块。在探伤中发现缺陷时,将探头在构件上的位置标上,记录伤脉冲的位置。然后,将探头移到三角形试块的斜边,并相对移动,当观察反射脉冲与原来伤脉冲位置重合时,记录探头的中心位置,量出 L 的长度,根据下列公式求出伤的位置:

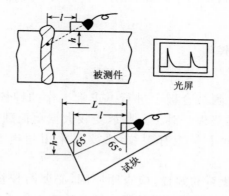

图 7-5　脉冲反射式横波探伤示意图

$$l = L\sin 265° \tag{7.1}$$

$$h = L\sin 65° \cos 65° \tag{7.2}$$

② 射线探伤。射线探伤系指采用 X 射线,如图 7-6 所示。γ 射线,如图 7-7 所示,进行拍片检查。X 射线和 γ 射线都是电磁波,可以穿透包括金属在内的不透明物体,并能使胶片感光。当射线透过焊缝时,由于其内部不同的组织结构(包括焊缝缺陷)对射线的吸收能力不同,因此射线通过被检查的焊缝后,在有无缺陷处被吸收的程度不同,强度衰减有明显差异,从而使胶片感光程度不一样。通过缺陷处的射线对胶片的感光较强,冲洗后颜色较深,反之颜色较淡。这样,通过观察底片上的影像,就能判断焊缝内部有无缺陷,以及缺陷的种类、大小和所在位置。这种方法是目前检查焊缝最可靠的方法。

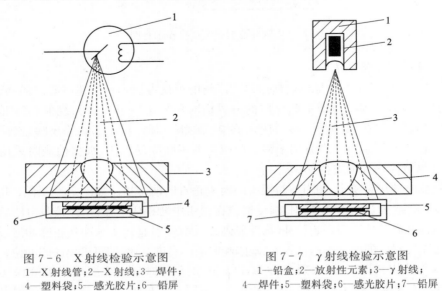

图 7-6　X 射线检验示意图
1—X 射线管;2—X 射线;3—焊件;
4—塑料袋;5—感光胶片;6—铅屏

图 7-7　γ 射线检验示意图
1—铅盒;2—放射性元素;3—γ 射线;
4—焊件;5—塑料袋;6—感光胶片;7—铅屏

X 射线应用比 γ 射线广,它透照时间短、速度快、灵敏度高,但设备重而复杂,费用高,穿透能力小,一般适用于厚度不大于 40mm 的焊缝,40mm 以上的焊缝可用 γ 射线检查。γ 射线穿透能力很大,可检查厚度达 300mm 的焊缝,设备轻,操作容易,透视时不需要电源,但底片感光时间较长,透视小于 50mm 的焊缝时,灵敏度低,若防护不好,射线对人体危害较大。

2. 螺栓与铆钉连接的检测

(1)螺栓连接的检查

对螺栓检查一般用目测结合扳手进行。正常工作的螺栓、螺母不应有丝毫松动,螺栓头及螺母应完全压紧垫板。对于一些承受较大振动荷载特别重要的螺栓,尚应定期卸开用放大镜检查螺栓上是否有裂纹,必要时采用超声波、磁力探伤等物理方法检查。

根据检查结果,对于断裂的螺栓,应查明原因,必要时校核其承载能力是否满足要求,并予以更换或其他处理。对于松动的螺栓结合检查工作予以旋紧。高强度螺栓应采用特制测力扳手,使螺栓达到规定的旋紧力,高强度螺栓旋紧后,应抽查 5%～10%,看其扭矩是否达到规定的数值。检查方法是先松动螺母 1/6 圈,然后再用扳手转到原来的位置,看其扭矩是否符合要求。如不足应旋紧到规定的扭矩值。永久性普通螺栓的螺母的固定按设计规定,用有防松装置的螺母或弹簧垫圈。设计无规定时,可焊死螺母或打毛螺纹。

（2）铆钉连接的检查

铆钉连接的检查工具有：0.3kg 的手锤、放大镜、塞尺、样板等。正常的铆钉在用手锤敲打时,不得有丝毫跳动。检查时可用一手贴近钉头,另一手用锤自钉头侧面敲击,再从另一侧敲击,如铆钉松动,则手会感到钉头跳动。在厂房结构检查过程中,一组铆钉在锤击下感到跳动数量大于 10% 时,应将所有跳动的铆钉换掉。所谓一组铆钉系指：

① 在节点范围内固定单根构件的铆钉（如节点板与弦杆或斜杆连接的铆钉）。

② 桁架组合构件节点之间的铆钉。

③ 在拼接处的铆钉,通用接头处为半个铆接长度上的铆钉,阶梯形接头处为每个接头间的铆钉。

④ 受弯构件翼缘每米长度内的翼缘铆钉。

对松动、掉头、剪断或漏铆的铆钉均需及时更换补铆,修复时可采用高强度螺栓代替铆钉,其直径按等强度换算决定。

7.3 钢材锈蚀的检测

钢结构最大的缺点是易于锈蚀,锈蚀导致钢材截面削弱,承载力下降。钢材的锈蚀程度可由其截面厚度的变化来反映。检测钢材厚度的仪器有超声波测厚仪和游标卡尺,两者的精度均可达到 0.01mm。检测前需首先进行除锈处理。

超声波测厚仪采用脉冲反射波法。超声波从一种均匀介质向另一种介质传播时,在界面上会发生反射,测厚仪可测出探头自发出超声波至收到界面发射回波的时间。超声波在各种钢材中的传播速度可查表或通过实测确定,由波速和传播时间就可计算出钢材的厚度。

对于数字超声波测厚仪,厚度会直接显示在显示屏上。

实训任务总结评定单任务

班级		学号		姓名		成绩
周次		实训时段		组别		

一、目的与要求

二、任务内容简述

三、课题报告内容	(一)相关理论知识
	(二)相关实践、安全知识
	(三)项目实施过程中的重点问题及解决情况

实训项点	标准要求	自评	互评	教师评价
1	遵守课堂纪律,认真听讲解			
2	练习认真,态度积极,相互指导帮助			
3	按要求着装,并了解彼此着装目的			

教师评语

注:此表可根据各学校实训情况,选择具体的训练内容作为考核点。

项目8　建筑工程节能检测

8.1　《建筑节能工程施工质量验收规范》的介绍

《建筑节能工程施工质量验收规范》GB 50411—2007 依据现行国家有关工程质量和建筑节能的法律、法规、管理要求和相关技术标准，为了加强建筑节能工程的施工质量管理，统一建筑节能工程施工质量验收，提高建筑工程节能效果。主要突出了工程验收中的基本要求和重点，并充分考虑了我国现阶段建筑节能的实际情况。

本规范适用于新建、改建和扩建的民用建筑工程中墙体、幕墙、门窗、屋面、地面、采暖、通风与空调、采暖与空调系统的冷热源和附属设备及其管网、配电与照明、监测与控制等建筑节能工程施工质量的验收。

8.2　检测方案

1. 墙体节能工程

工程验收检验批：采用相同材料、工艺和施工做法的墙面，每 500～1000m² 面积划分为一个检验批，不足 500m² 也为一个检验批。也可以根据与施工流程相一致且方便施工与验收的原则，由施工单位与监理（建设）单位共同商定。在同一天施工条件下，即使施工面积超出 1000m² 面积，也可以作为一个检验批。

墙体节能工程使用的保温隔热材料，其导热系数、密度、抗压强度或压缩强度、燃烧性能应符合设计要求。

墙体节能工程采用的保温材料和粘结材料等，进场时应对其下列性能进行复验，复验应为见证取样送检：包括保温材料的导热系数、密度、抗压强度或压缩强度；粘结材料的粘结强度；增强网的力学性能、抗腐蚀性能。

检查数量：同一厂家同一品种的产品，当单位工程建筑面积在 20000m² 以下时各抽查不少于 3 次；当单位工程建筑面积在 20000m² 以上时各抽查不少于 6 次。

保温板材与基层及各构造层之间的粘结或连接必须牢固。粘结强度和连接方式应符合设计要求。保温板材与基层的粘结强度应做现场拉拔试验。当墙体节能工程采用预埋或后置锚固件时，其数量、位置、锚固深度和拉拔力应符合设计要求。后置锚固件应进行锚固力现场拉拔试验；

检查数量：每个检验批应抽查不少于 3 处。

当外墙采用保温浆料作保温层时，应在施工中制作同条件养护试件，检测其导热系数、干密度和压缩强度。保温浆料的同条件养护试件应见证取样送检。

检查数量:每个检验批应抽样制作同条件养护试块不少于 3 组。

外墙外保温工程不宜采用粘贴饰面砖做饰面层;当采用时,其安全性与耐久性必须符合设计要求。饰面砖应做粘结强度拉拔试验,试验结果应符合设计和相关标准的规定。

2. 门窗节能工程

① 同一厂家的同一品种、类型、规格的门窗及门窗玻璃每 100 樘划分为一个检验批,不足 100 樘也为一个检验批。

② 建筑外窗的气密性、保温性能、中空玻璃露点、玻璃遮阳系数和可见光透射比应符合设计要求。

③ 夏热冬冷地区,现场外窗进入施工现场时,应对其下列性能进行复验,复验应为见证取样送检。

气密性、传热系数、玻璃遮阳系数、可见光透射比、中空玻璃露点;

检查数量:同一厂家同一品种同一类型的产品各抽查不少于 3 樘(件)。

④ 夏热冬冷地区的建筑外窗,应对其气密性做现场实体检验,检测结果应满足设计要求。

检验方法:随机抽取现场检验。

检查数量:同一厂家同一品种、类型的产品各抽查不少于 3 樘。

3. 屋面节能工程

① 屋面节能工程使用的保温隔热材料,其导热系数、密度、抗压强度或压缩强度、燃烧性能应符合设计要求。

② 屋面和地面保温隔热工程采用的保温材料,进场时应对其导热系数、密度、抗压强度或压缩强度、燃烧性能进行复验,复验应为见证取样送检。

检查数量:同一厂家同一品种的产品各抽查不少于 3 组。

4. 地面节能工程

① 检验批可按施工段或变形缝划分。当面积超过 200m² 时,每 200m² 可划分为一个检验批,不足 200m² 也为一个检验批。不同构造做法的地面节能工程应单独划分检验批。

② 地面节能工程使用的保温材料,其导热系数、密度、抗压强度或压缩强度、燃烧性能应符合设计要求。

③ 地面节能工程使用的保温材料,进场时应对其导热系数、密度、抗压强度或压缩强度、燃烧性能进行复验,复验应为见证取样送检。

检查数量:同一厂家同一品种的产品各抽查不少于 3 组。

5. 建筑节能工程现场检验

① 建筑围护结构施工完成后,应对围护结构的外墙节能构造(钻芯取样)和外窗气密性进行现场实体检验。当条件具备时,也可以直接对围护结构的传热系数进行检测。

② 外墙节能构造(钻芯取样)和外窗气密性的现场实体检验,其抽样数量可以在合同中约定,但合同中约定的抽样数量不应低于本规范的要求。当无合同约定时应按照下列规定抽样:

　　每个单位工程的外墙至少抽查 3 处,每处 1 个检查点;当一个单位工程有 2 种以上节能保温做法时,每种节能做法的外墙应抽查不少于 3 处;

　　每个单位工程的外窗至少抽查 3 樘。当一个单位工程有 2 种以上品种、类型和开启方式的外窗时,每种品种、类型和开启方式的外窗应抽查不少于 3 处。

　　③ 外窗气密性现场实体检验应在监理(建设)人员见证下抽样,委托有资质的检测机构实施。

　　④ 当对围护结构的传热系数进行检测时,应由建设单位委托具备检测资质的检测机构承担,其检测方法、抽样数量、检测部位和合格判定标准等可在合同中约定。

　　⑤ 当外墙节能构造(钻芯取样)或外窗气密性现场实体检验出现不符合设计要求和标准规定时,应委托有资质的检测机构扩大一倍数量抽样,对不符合要求的项目或参数再次检验。仍然不符合要求时应给出"不符合设计要求"的结论。

　　对于不符合设计要求的围护结构节能构造应查找原因,对因此造成的对建筑节能的影响程度进行计算或评估,采取技术措施予以弥补或消除后重新进行检测,合格后方可通过验收。对于建筑外窗气密性不符合设计要求和国家现行标准规定的,应查找原因进行修理,使其达到要求后重新进行检测,合格后方可通过验收。

8.3　检测内容

　　建筑节能工程进场材料和设备的复验项目应符合表 8-1 的规定。

表 8-1　建筑节能工程进场材料和设备的复验项目

	分项工程	复验项目
1	墙体节能工程	保温板材的导热系数、密度、抗压强度或压缩强度; 粘结材料的粘结强度; 增强网的力学性能、抗腐蚀性能
2	幕墙节能工程	保温材料:导热系数、密度; 幕墙玻璃:可见光透射比、传热系数、遮阳系数、中空玻璃露点; 隔热型材:抗拉强度、抗剪强度
3	门窗节能工程	夏热冬冷地区:气密性、传热系数、玻璃遮阳系数、可见光透射比、中空玻璃露点
4	屋面节能工程	保温材料的导热系数、密度、抗压强度或压缩强度
5	地面节能工程	保温材料的导热系数、密度、抗压强度或压缩强度

　　注:具体详见附表。

8.4　检测相关标准

《胶粉聚苯颗粒外墙外保温系统》JG 158—2004;

《膨胀聚苯板薄抹灰外墙外保温系统》JG 149—2003;

《建筑节能工程施工质量验收规范》GB 50411—2007;

《绝热用模塑聚苯乙烯泡沫塑料》GB/T 10801.1—2002;

《绝热用挤塑聚苯乙烯泡沫塑料》GB/T 10801.2—2002;

《喷涂硬质聚氨酯泡沫塑料》GB/T 20219—2006;

《外墙外保温工程技术规程》JGJ 144—2004;

《建筑外窗保温性能分级及检测方法》GB/T 8484—2008;

《建筑门窗现场气密性检测》JG/T 211—2007;

《钢丝网架水泥聚苯乙烯夹芯板》JC 623—1996;

《建筑构件稳态热传递性质的测定——标定和防护热箱法》GB/T 13475—2008。

1.《胶粉聚苯颗粒外墙外保温系统》JG 158—2004

本标准适用于以胶粉聚苯颗粒保温浆料为保温层、抗裂砂浆复合耐碱玻璃纤维网格布或热镀锌电焊网为抗裂防护层、涂料或面砖为饰面层的建筑物外墙外保温系统。

定义:胶粉聚苯颗粒外墙外保温系统(简称胶粉聚苯颗粒外保温系统)设置在外墙外侧,由界面层、胶粉聚苯颗粒保温层、抗裂防护层和饰面层构成,起保温隔热、防护和装饰作用的构造系统。

构造组成:分为2种,涂料饰面和面砖饰面。

表 8-2　涂料饰面胶粉聚苯颗粒外保温系统基本构造

基层墙体	涂料饰面胶粉聚苯颗粒外保温系统基本构造				构造示意图
	界面层 1	保温层 2	抗裂防护层 3	饰面层 4	
混凝土墙及各种砌体墙	界面砂浆	胶粉聚苯颗粒保温浆料	抗裂砂浆 + 耐碱涂塑玻璃纤维网格布 (加强型增设1道加强网格布) + 高分子乳液弹性底层涂料	柔性耐水腻子 + 涂料	1 2 3 4

表 8-3　面砖饰面胶粉聚苯颗粒外保温系统基本构造

基层墙体	面砖饰面胶粉聚苯颗粒外保温系统基本构造				构造示意图
	界面层 1	保温层 2	抗裂防护层 3	饰面层 4	
混凝土墙及各种砌体墙	界面砂浆	胶粉聚苯颗粒保温浆料	第一遍抗裂砂浆 + 热镀锌电焊网 (用塑料锚栓与基层锚固) + 第二遍抗裂砂浆	粘结砂浆 + 面砖+勾缝料	1 2 3 4

系统及保温浆料性能见表8-4、8-5。

表 8-4　胶粉聚苯颗粒外保温系统的性能指标

试验项目		性能指标	
耐候性		经 80 次高温（70℃）-淋水（15℃）循环和 20 次加热（50℃）-冷冻（-20℃）循环后不得出现开裂、空鼓或脱落。抗裂防护层与保温层的拉伸粘结强度不应小于 0.1MPa,破坏界面应位于保温层	
吸水量/(g/m²)浸水 1h		≤1000	
抗冲击强度	C 型	普通型（单网）	3J 冲击合格
		加强型（双网）	10J 冲击合格
	T 型	3.0J 冲击合格	
抗风压值		不小于工程项目的风荷载设计值	
耐冻融		严寒及寒冷地区 30 次循环、夏热冬冷地区 10 次循环,表面无裂纹、空鼓、起泡、剥离现象	
水蒸气湿流密度/g/(m²·h)		≥1.85	
不透水性		试样防护层内侧无水渗透	
耐磨损,500L 砂		无开裂,龟裂或表面保护层剥落、损伤	
系统抗拉强度(C 型)/MPa		≥0.1,并且破坏部位不得位于各层界面	
饰面砖粘结强度(T 型)/MPa（现场抽测）		≥0.4	
抗震性能(T 型)		设防裂度等级下面砖饰面及外保温系统无脱落	
火反应性		不应被点燃,试验结束后试件厚度变化不超过 10%	

表 8-5　胶粉聚苯颗粒保温浆料性能指标

项　目	单　位	指　标
湿表观密度	kg/m³	≤420
干表观密度	kg/m³	180~250
导热系数	W/(m·K)	≤0.060
蓄热系数	W/(m²·K)	≥0.95
抗压强度	kPa	≥200
压剪粘结强度	kPa	≥50
线性收缩率	%	≤0.3
软化系数	—	≥0.5
难燃性	—	B₁ 级

2.《膨胀聚苯板薄抹灰外墙外保温系统》JG 149—2003

本标准适用于工业与民用建筑采用的膨胀聚苯板薄抹灰外墙外保温系统产品,组成系统的各种材料应由系统产品制造商配套供应。

定义:膨胀聚苯板薄抹灰外墙外保温系统置于建筑物外墙外侧的保温及饰面系统,是由膨胀聚苯板、胶粘剂和必要时使用的锚栓、抹面胶浆和耐碱网布及涂料等组成的系统产品。

构造组成:分成 2 种,一类为有锚栓（加强型）,另一类为无锚栓（普通型）。

表 8-6　无锚栓薄抹灰外保温系统基本构造

基层墙体 1	系统的基本构造				构造示意图
	粘接层 2	保温层 3	薄抹灰增强防护层 4	饰面层 5	
混凝土墙体，各种砌体墙体	胶粘剂	膨胀聚苯板	抹面胶浆复合耐碱网布	涂料	5 4 3 2 1

表 8-7　辅有锚栓的薄抹灰外保温系统基本构造

基层墙体 1	系统的基本构造					构造示意图
	粘接层 2	保温层 3	连接件 4	薄抹灰增强防护层 5	饰面层 6	
混凝土墙体，各种砌体墙体	胶粘剂	膨胀聚苯板	锚栓	抹面胶浆复合耐碱网布	涂料	6 5 4 3 2 1

系统及主要组成材料的性能见表(8-8)～(8-11)。

表 8-8　薄抹灰外保温系统的性能指标

试　验　项　目		性　能　指　标
吸水量/(g/m²)，浸水 24h		≤500
抗冲击强度/J	普通型(P 型)	≥3.0
	加强型(Q 型)	≥10.0
抗风压值/kPa		不小于工程项目的风荷载设计值
耐冻融		表面无裂纹、空鼓、起泡、剥离现象
水蒸气湿流密度/g/(m²·h)		≥0.85
不透水性		试样防护层内侧无水渗透
耐候性		表面无裂纹、粉化、剥落现象

表 8-9　胶粘剂的性能指标

试　验　项　目		性　能　指　标
拉伸粘接强度/MPa（与水泥砂浆）	原强度	≥0.60
	耐水	≥0.40
拉伸粘接强度/MPa（与膨胀聚苯板）	原强度	≥0.10，破坏界面在膨胀聚苯板上
	耐水	≥0.10，破坏界面在膨胀聚苯板上
可操作时间/h		1.5～4.0

表 8-10　抹面胶浆的性能指标

试　验　项　目		性　能　指　标
拉伸粘接强度/MPa（与膨胀聚苯板）	原强度	≥0.10,破坏界面在膨胀聚苯板上
	耐水	≥0.10,破坏界面在膨胀聚苯板上
	耐冻融	≥0.10,破坏界面在膨胀聚苯板上
柔韧性	抗压强度/抗折强度（水泥基）	≤3.0
	开裂应变（非水泥基）/%	≥1.5
可操作时间/h		1.5～4.0

表 8-11　耐碱网布主要性能指标

试　验　项　目	性　能　指　标
单位面积质量/(g/m²)	≥130
耐碱断裂强力（经、纬向）/N/50mm	≥750
耐碱断裂强力保留率（经、纬向）/%	≥50
断裂应变（经、纬向）/%	≤5.0

8.5　绝热用模塑聚苯乙烯泡沫塑料

1. 适用范围

适应于可发性聚苯乙烯珠粒经加热预发泡后,在模具中加热成型而制得的具有闭孔结构的使用温度不超过 75℃ 的聚苯乙烯泡沫塑料板材,也使用于大块板材切割而成的材料。

2. 依据标准

《绝热用模塑聚苯乙烯泡沫塑料》GB/T 10801.1—2002;
《建筑节能工程施工质量验收规范》GB 50411—2007;
《外墙外保温工程技术规程》JGJ 144—2004。

3. 检验批及检测仪器

检验批:同一厂家同一品种的产品,当单位工程建筑面积在 20000mm² 以下时各抽查不少于 3 次,当单位工程建筑面积在 20000mm² 以上时各抽查不少于 6 次。每批代表数量不超过 2000m³。

检测仪器:制样机、TPMBE-300 平板导热仪、游标卡尺、钢直尺、万能试验机、烘箱、电子天平。

时效和状态调节:

所有试验样品应去掉表皮并自生产之日起在自然条件下放置 28d 后按《塑料试样状态调节和试验的标准环境》GB/T 2918—1998 中 23/50 二级环境条件进行,样品在温度 23±2℃,相对湿度 45%～55% 的条件下进行 16h 状态调节。

4. 表观密度测定

① 将样品制成(100 ± 1)mm$\times(100\pm1)$mm$\times(100\pm1)$mm 的试样 3 个。

② 每个试样表面至少取 5 个点,点的选择具有代表性,每个点分别测量试样的长、宽、厚各 3 次,取每个点的 3 个读数的中值,并用 5 个或 5 个以上的中值计算平均值。

③ 称重试样,精确到 0.5%。

④ 结果的计算和表示:

$$\rho = m/V \times 106 \tag{8.1}$$

式中 　ρ——表观密度(kg/m^3);

　　　m——试样的质量(g);

　　　V——试样的体积(mm^3)。

试验结果以 3 个试样的算数平均值表示。

5. 尺寸稳定性

① 用锯切或其他机械加工方法从样品上切取试样,并保证试样表面平整而无裂纹,若无特殊规定,应除去泡沫塑料的表皮。试样为长方体,最小尺寸为(100 ± 1)mm$\times(100\pm1)$mm$\times(25\pm0.5)$mm 的 3 个试样。

② 按 GB/T 6342—1996 中规定的方法,测量每个试样试验前 3 个不同位置的长度、宽度及 5 个不同点的厚度。

③ 调节试验箱内温度、湿度至选定的试验条件,将试样水品置于箱内金属网或多孔板上,试样间隔至少 25mm,鼓风以保持箱内空气循环。试样不应受加热元件的直接辐射。(20 ± 1)h 后取出试样。

④ 试样应按 GB/T 2918—1998 的规定,在温度(23 ± 2)℃、相对湿度 $45\%\sim55\%$ 条件下进行状态调节,放置 $1\sim3$h。测量试样尺寸,并目测检查试样状态。

⑤ 再将试样置于选定的试验条件下,总时间(48 ± 2)h 后,重复。

⑥ 结果的计算和表示:

$$\varepsilon_L = \frac{L_t - L_0}{L_0} \times 100\% \tag{8.2}$$

$$\varepsilon_W = \frac{W_t - W_0}{W_0} \times 100\% \tag{8.3}$$

$$\varepsilon_T = \frac{T_t - T_0}{T_0} \times 100\% \tag{8.4}$$

式中 　ε_L、ε_W、ε_T 分别为试样的长度、宽度及厚度的尺寸变化率的数值,单位为百分比($\%$);

　　　L_t、W_t、T_t 分别为试样试验后的平均长度、宽度和厚度的数值,单位为毫米(mm);

　　　L_0、W_0、T_0 分别为试样试验前的平均长度、宽度和厚的的数值,单位为毫米(mm)。

试验结果以 3 个试样的算数平均值表示。

6. 压缩性能的测定

① 制取尺寸为(100 ± 1)mm$\times(100\pm1)$mm$\times(50\pm1)$mm 的试样 5 个。

② 试样状态调节按 GB/T 2918—1998 规定。温度(23±2)℃,相对湿度 50%±10%,至少 6h。

③ 测量每个试样的三维尺寸。将试样放置在压缩试验机的两块平行板之间的中心,以 5mm/min 速度压缩试样,直到试样厚度变为初始厚度的 85%,记录在压缩过程中的力值。如果要测定压缩弹性模量,应记录力－位移曲线,并画出曲线斜率最大处的切线。找出相对形变为 10%的压缩应力。

④ 结果的计算和表示:

$$\sigma_{10} = 10^3 \times F_{10}/A_0 \tag{8.5}$$

式中　F_{10}——使试样产生 10%相对形变的力,单位为牛顿(N);

　　　A_0——试样初始横截面积,单位为平方毫米(mm^2)。

试验结果以 5 个试样的算数平均值表示,保留三位有效数字。

7. 导热系数的测定

试样厚度为(25±2)mm,温差为 15～20℃,测定平均温度为(25±2)℃。

① 试验前,应将试件加工成 300mm(长)×300mm(宽)的正方形,并且保证冷热两个传热面的平行度,特别是硬质材料的试件,如果冷热两个测试面不平行,仪器的冷热板将难与试件良好地接触,热流传递不均匀,导致测试数据不准确。这种情况下必须将试件磨平后才能做试验。

② 试件厚度的测量,由于材料的热膨胀和冷热板对试件的技压力,试件的厚度会比自由状态变小,特别是弹性比较大的松软材料的试件,应在试验装置中夹紧后测量厚度。

③ 试件的安装,按下驱动箱体侧面的电机控制松开按纽,冷板向后移动,退到一定位置后,将试件放入测试箱体,按下驱动箱体侧面的电极控制开关夹紧,冷板向前移动,到一定位置后,试件被夹紧在冷热板之间。盖上测试箱体上盖。

④ 测试操作,根据试验温度设定范围设定热板和冷板的冷热位置。

将控制机柜上的总电源按纽打到开的位置。冷却水箱的电极启动,循环水开始流动。这时控制机柜上的各仪表得电并且显示。按下"启动"按纽,这时中心热板和护热板以及热后板、冷板的四个温控系统开始启动并工作。根据试验要求设定热板温度和冷板的温度。冷热板的温度设定好后,应观察各仪表的显示是否正常,首先看热板温控仪,在三个通道中,热后板的温度上升是最快的,其次是中心热板的升温速率,最慢的是护热板的升温速率,护热板的热负荷约是中心加热板的 3 倍。

⑤ 传热稳定,对于材料热阻大,试件厚度也大的试件,要比热阻小,厚度薄的试件需要更长的测试时间。

第一阶段:温度控制及传热稳定阶段;

第二阶段:平均功率计算阶段;

第三阶段:稳定性观察校准阶段。

⑥ 导热系数的计算。

导热系数按下式计算:

$$\lambda = \frac{d \times Q}{(T_1 - T_2) \times A} \tag{8.6}$$

式中　λ——材料的导热系数[W/(m·℃)];

T_1——热板的设定温度(℃);

T_2——冷板的设定温度(℃);

A——中心加热板面积(m^2);

Q——中心加热板传热功率(W);

d——试件厚度(m)。

⑦ 试验结束后,关闭设备电源。

8.6　钢丝网架聚苯乙烯夹芯板

钢丝网架聚苯乙烯芯板:由三维空间焊接钢丝网架和内填阻燃型聚苯乙烯泡沫塑料板条(或整板)构成的网架芯板。

钢丝网架水泥聚苯乙烯夹芯板:在钢丝网架聚苯乙烯芯板两面喷抹水泥砂浆后形成的构件,即该板材外壁由壁厚不小于 25mm 的三维空间焊接钢丝网架水泥砂浆作支承体,内填氧指数不小于 30 的聚苯乙烯泡沫塑料,周边由不小于 25mm 厚的水泥砂浆包边的板材。用于房屋建筑的轻质板材。

《绝热用模塑聚苯乙烯泡沫塑料》GB/T 10801.1—2002;

《建筑节能工程施工质量验收规范》GB 50411—2007;

《外墙外保温工程技术规程》JGJ 144—2004;

《钢丝网架水泥聚苯乙烯夹芯板》JC 623—1996;

《建筑构件稳态热传递性质的测定——标定和防护热箱法》GB/T 13475—2008。

检验批:同一厂家同一品种的产品,当单位工程建筑面积在 $20000mm^2$ 以下时各抽查不少于 3 次,当单位工程建筑面积在 $20000mm^2$ 以上时各抽查不少于 6 次。

检测仪器千分尺、游标卡尺、0.5mm 钢直尺、电子拉力试验机、墙体保温材料检测装置。

1. 丝径

检测位置包括径向、纬向和腹丝,各选择非同丝的 3 处位置,用 0.01mm 的千分尺进行测量,测量前去除网片上的喷涂砂浆,使钢丝表面光滑,以 3 次测量结果的平均值进行表示,用于网片的钢丝丝径要求为(2.0±0.05)mm,用于腹丝的丝径要求为(2.2±0.05)mm。

2. 横向钢丝排列

选择网片上横向排列的钢丝,用 0.5mm 的钢直尺测量其间距,要求网片横向钢丝间距为 60mm,超过 60mm 处应加焊钢丝,纵横向钢丝应互相垂直,测量前去除网片上的喷涂砂浆。

3. 钢丝挑头

对网片边沿的挑头使用游标卡尺进行测量,板边挑头允许长度≤6mm,腹丝挑头≤5mm,不得有 5 个以上漏剪、翘伸的钢丝挑头。

4. 泡沫内芯板条对接

目测观察泡沫板条,泡沫板条全长对接不得超过 3 根,短于 150mm 板条不得使用。

5. 钢丝锈点

目测观察钢丝上锈点,焊点区以外不允许。

6. 焊点强度

在网片上任取 5 点,按要求进行制样,在电子拉力机上面进行试验,实验结果取其平均值。

7. 热阻

用厚度为 50mm 的聚苯乙烯泡沫塑料板,板两面各涂抹 25mm 厚水泥砂浆,试件做好后,晾干,依据《建筑构件稳态热传递性质的测定——标定和防护热箱法》GB/T 13475—2008,使用 SW-1 型墙体保温材料检测装置进行测定。热阻要求值为 $\geqslant 0.65 m^2 \cdot K/W$。

（1）试件的安装

把试件(板材、砌体等)安装或砌筑在冷热箱之间的试件架内,试件冷热表面根据用户要求做适当的粉刷层。如对于陶粒混凝土空心砌块、炉渣混凝土空心砌块两面必须抹灰,以避免空气渗透。通常用水泥砂浆抹 1～1.5cm 厚的粉刷层,等待干燥硬化之后布点测量温度和热流。

（2）测温布点和粘贴热流计

当表面材料凝固和干燥后,用乳胶与水泥拌合物或者其他粘结剂,将铜-康铜热电偶温度传感元件粘贴在试件的冷热表面上,同时用黄油把热流计粘贴在试件的热表面上,粘贴热电偶和热流计时一定要粘紧,防止出现空隙,否则会严重影响检测结果。在 1 平方米大小的试件上,至少应布置 2 块热流计,在热流计周围布置 4 个热电偶,对应的冷表面上也相应的布置 2 块热流计,在冷热箱内布置 2 个带有防辐射罩的热电偶,用来观察箱内的控温状况,然后将冷热箱与试件架一起合上并扣紧。

（3）温度控制

冷热箱两侧空气温差值至少应控制在 20℃。通常热箱空气温度控制恒定值为 18℃,冷箱的空气温度控制在恒定值为 -2℃ 以下。一般说来,冷热箱的空气温度差值越大,则其读数误差相对越小,因而所得结果较为精确。

（4）测量时间

测量包括瞬变过程及若干测量周期。瞬变过程的长短和测量周期是由试件、控制状况、计量仪表及所要求的精度而确定的。瞬变过程一直持续到接近达到稳定状态之前,然后进入热稳定状态。计量时间包括足够数量的测量周期,以获得所要求精度的试验结果。

（5）测量可按以下方式进行

计量期限至少需要 3 个小时,热流值及温度读数在此测量期有 3 个周期内是均匀地分布的,取这 3 个计量期的热流和温度平均值,然后根据这些平均值算出此计量期内的热阻,并和前面的测量期内热阻相比较。如果有 2 个测量期内的热阻值相差小于 2%,则此检测就结束,而热阻就按 2 次测量期的平均值计算。因此,一个完整的测量期至少需要 6 个小时。

（6）检测结果及数据处理

① 试件冷热表面的平均温度:

$$\bar{t} = \frac{\sum_{i=1}^{m} A_i \times t_i}{A} \tag{8.7}$$

式中 A——试件冷表面或热表面的总面积(m^2);

A_i——试件 i 区域的面积(m^2);

t_i——试件 i 区域的温度(℃)。

② 不利部位的内表面温度及其影响范围如保温板内有导热能力强的肋,轻骨料混凝土空心砌块的砌筑接缝,则这种存在热桥的部位将影响试件整体的保温性能,其影响范围和程度可由测定热桥部位的表面温度而确定。

③ 热流量。热流读数值应有代表性,对于匀质单一保温板材,其保温性能几乎处处相同,因此在特定的温差条件下,板材不同部位通过的热流量是相同的。故检测时只需布置 1~2 块热流计就可以了,取其热流平均值。

④ 试件热阻:

$$R = \frac{\Delta t}{C \times F} \tag{8.8}$$

式中 R——试件本身热阻值($m^2 \cdot ℃/W$);

Δt——试件冷热表面温差(℃);

C——热流计标定系数($W/m^2 \cdot mV$);

F——电动势(热流计读数)(mV)。

⑤ 试件传热系数

$$K = \frac{1}{R + R_i + R_e} \tag{8.9}$$

式中 K——试件总传热系数($W/m^2 \cdot K$);

R——试件本身热阻值($m^2 \cdot K/W$);

R_i——试件内表面换热阻值,取 0.11($m^2 \cdot K/W$);

R_e——试件外表面换热阻值,取 0.04($m^2 \cdot K/W$);

(7) 注意事项

① 试验结束后应关闭电源,注意清洁和防锈的维护。

② 设备应保持总体清洁,保持环境温度和相对温度。

③ 长时间停用时,应断开总电源插头,并注意防锈、防尘。

④ 仪器设备进行维护、检定。

⑤ 发生电器故障,马上向负责人汇报,并联系生产厂家进行维修。

8.7 胶粉聚苯颗粒保温砂浆

1. 依据标准

《胶粉聚苯颗粒外墙外保温系统》JG 158—2004;

《外墙外保温工程技术规程》JGJ 144—2004;

《建筑节能工程施工质量验收规范》GB 50411—2007。

2. 检验批及检测仪器

检验批:同一厂家同一品种的产品,当单位工程建筑面积在 20000mm² 以下时各抽查不少于 3 次,当单位工程建筑面积在 20000mm² 以上时各抽查不少于 6 次。

检验设备:万能试验机、平板导热仪、电热鼓风干燥箱、电子天平(精度为 0.1g)、干燥器(直径大于 300mm)、游标卡尺(0～125mm、精度为 0.02mm)、钢板尺(500mm,精度为 1mm)、属试模(100mm×100mm×100mm)、组合式无底金属试模(300mm×300mm×30mm)、玻璃板[400mm×400mm×(3～5)mm]。

3. 湿表观密度

① 将称量过的标准量筒,用油灰刀将标准浆料填满量筒,使稍有富余。

② 用捣棒均匀插捣 25 次(插捣过程中如浆料沉落到低于筒口,则应随时填加浆料)。

③ 用抹子抹平,将量筒外壁擦净,称量浆料与量筒的总重,精确至 0.001kg。

④ 浆料湿表观密度 ρ 计算公式如下:

$$\rho = (m_1 - m_0)/V \qquad (8.10)$$

式中　ρ——浆料湿密度(kg/m³);

　　m_0——容量筒质量(kg);

　　m_1——浆料加容量筒的质量(kg);

　　V——容量筒的体积(m³)。

根据公式得出湿表观密度 ρ,试验结果取 3 次试验结果算术平均值,保留 3 位有效数字。

4. 干表观密度

① 将 3 个空腔尺寸为 300mm×300mm×30mm 的金属试模分别放在玻璃板上,用脱模剂涂刷试模内壁及玻璃板,用油灰刀将标准浆料逐层加满并略高出试模,为防止浆料留下孔隙,用油灰刀沿模壁插数次,然后用抹子抹平,制成 3 个试件。

② 试件成型后用聚乙烯薄膜覆盖,在试验室温度条件下养护 7d 后拆模,拆模后在试验室标准养护条件下养护 21d,然后将试件放入 65℃±2℃ 的烘箱中,烘干至恒重,取出放入干燥器中冷却至室温备用。

③ 取制备好的 3 块试件分别磨平并称量质量,精确至 1g。

④ 按顺序用钢板尺在试件两端距边缘 20mm 处和中间位置分别测量其长度和宽度,精确至 1mm,取 3 个测量数据的平均值。

⑤ 用游标卡尺在试件任何一边的两端距边缘 20mm 和中间处分别测量厚度,在相对的另一边重复以上测量,精确至 0.1mm,要求试件厚度差小于 2%,否则重新打磨试件,直至达到要求。最后取 6 个测量数据的平均值。

⑥ 检测数据的处理:

干表观密度 ρ 计算公式如下:

$$\rho = m/V \qquad (8.11)$$

式中　ρ——干密度（kg/m³）；

　　　m——试件质量（kg）；

　　　V——试件体积（m³）。

根据公式得出干表观密度 ρ，试验结果取 3 次试验结果算术平均值，保留 3 位有效数字。

5. 压缩强度

① 将金属模具内壁涂刷脱模剂，向试模内注满标准浆料并略高于试模的上表面。

② 用捣棒均匀由外向里按螺旋方向插捣 25 次，为防止浆料留下孔隙，用油灰刀沿模壁插数次，然后将高出的浆料沿试模顶面削去，用抹子抹平。须按相同的方法同时成型 5 块试件。

③ 试块成型后用湿布覆盖后再用聚乙烯薄膜覆盖，在试验室温度条件下养护 7d 后去掉覆盖物，在试验室标准条件下继续养护 48d。

④ 放入（65±2）℃的烘箱中烘 24h，从烘箱中取出放入干燥器中备用。

⑤ 从干燥器中取出的试件应尽快进行试验，以免试件内部的温湿度发生显著的变化。

⑥ 测量 5 块试件的承压面积，长宽测量精确到 1mm，并据此计算试件的受压面积。

⑦ 将试件安放在压力试验机的下压板上，试件的承压面应与成型时的顶面垂直，试件中心应与试验机下压板中心对准。

⑧ 开动试验机，当上压板与试件接近时，调整球座，使接触面均衡受压。承压试验应连续而均匀地加荷，加荷速度应为（0.5～1.5）kN/s，直至试件破坏，然后记录破坏荷载 N。

⑨ 试验结果以 5 个试件检测值的算术平均值作为该试件的抗压强度，保留 3 位有效数字。当 5 个试件的最大值或最小值与平均值的差超过 20% 时，以中间 3 个试件的平均值作为该组试件的抗压强度值。

抗压强度 f 计算公式如下：

$$f = N/A \tag{8.12}$$

式中　f——强度，单位为千帕（kPa）；

　　　N——破坏压力，单位为千牛（kN）；

　　　A——试件的承压面积，单位为平方毫米（mm²）。

6. 导热系数

测试干表观密度后的试件，将试样两面打平，进行导热系数测定，检测方法见 8.5 内导热系数的测定。

8.8　耐碱玻璃纤维网格布检测

1. 适用范围及依据标准

适用于外墙外保温的耐碱网格布的耐碱断裂强力及耐碱断裂强力保留。

《膨胀聚苯板薄抹灰外墙外保温系统》JG 149—2003；

《外墙外保温工程技术规程》JGJ 144—2004；

《耐碱玻璃纤维网格布》JC/T 841—2007；

《建筑节能工程施工质量验收规范》GB 50411—2007。

2. 检验批及检测仪器

检测批：同一厂家同一品种的产品，当单位工程建筑面积在 20000mm² 以下时各抽查不少于 3 次，当单位工程建筑面积在 20000mm² 以上时各抽查不少于 6 次。

检验仪器：拉伸试验机。

3. 强度保留率检验方法

① 用剪刀、刀或切割轮裁取试样，试样尺寸为 300mm×50mm，纬向径向各 20 片。

② 首先对 10 片纬向试样和 10 片径向试样测定初始拉伸断裂强力。其余试样放入 (23±2)℃、浓度为 5% 的 NaOH 水溶液中浸泡（10 片纬向和 10 片径向试样，浸入 4L 溶液中）。

③ 浸泡 28d 后，取出试样，放入水中漂洗 5min，接着用流动的水冲洗 5min，然后在 (60±5)℃烘箱中烘 1h 后取出，在 (10～25)℃环境条件下放置至少 24h 后测定耐碱拉伸断裂强力，并计算耐碱拉伸断裂强力保留率。

④ 拉伸试验机夹具应夹住试样整个宽度，卡头间距为 200mm。加载速度为 (100±5)mm/min，拉伸至断裂并记录断裂时的拉力。试样在卡头中有移动或在卡头除断裂时，其试验值应被剔除。

⑤ 耐碱拉伸断裂强力保留率应按下式进行计算：

$$B = \frac{F_1}{F_0} \times 100\% \tag{8.13}$$

式中　B——耐碱拉伸断裂强力保留率（%）；

　　　F_1——耐碱拉伸断裂强力（N/50mm）；

　　　F_0——初始拉伸断裂强力（N/50mm）。

试验结果分别以经向和纬向 5 个试样测定值的算术平均值表示。

8.9 粘结砂浆、抗裂砂浆检测

1. 适用范围及依据标准

适用外墙外保温的粘结砂浆和抗裂砂浆的强度检测。

《膨胀聚苯板薄抹灰外墙外保温系统》JG 149—2003；

《外墙外保温工程技术规程》JGJ 144—2004；

《建筑节能工程施工质量验收规范》GB 50411—2007。

2. 检验批及检测仪器

检验批：同一厂家同一品种的产品，当单位工程建筑面积在 20000mm² 以下时各抽查不少于 3 次，当单位工程建筑面积在 20000mm² 以上时各抽查不少于 6 次。

检测仪器：拉力机 DL—5000、切割机、钢制夹具和标准块。

3. 胶粘剂拉伸粘结强度

① 用普通硅酸盐水泥与中砂按 1：3、水灰比 0.5 制作水泥砂浆试块 12 个,养护 28d 后,切割成 40mm×40mm×80mm 的试件 24 个。

② 用表观密度为 18kg/m³ 的按陈化经过陈化合格的膨胀聚苯板作为试验用标准版,切割成 70mm×70mm×20mm 的试件 12 个。

③ 制作 70mm×70mm×20mm 的砂浆试件 12 个。

④ 按产品说明书制备胶粘剂后粘结试件,粘结厚度为 3mm、面积为 40mm×40mm 分别准备测原强度和测耐水拉伸粘结强度的试件各一组,粘结后在(23±2)℃,相对湿度(50±5)%,试验区的循环风速小于 0.2m/min 的环境下养护。

⑤ 将试件养护 28d(也可进行养护 7d 后的快速试验,如发生争议以养护 28d 为准),浸水粘结强度试验在养护 28d 后,在水中浸泡 48h 后晾至 2h 进行试验。养护期满后进行拉伸粘结强度测定,拉伸速度为(5±1)mm/min。

⑥ 记录每个试样的测试结果及破坏界面,拉伸粘结强度按下式进行计算:

$$\sigma_b = \frac{P_b}{A} \tag{8.14}$$

式中　σ_b——拉伸粘结强度(MPa);

　　　P_b——破坏荷载(N);

　　　A——试样面积(mm²)。

试验结果取 4 个中间值计算算术平均值。试验要求,拉伸粘结强度(与水泥砂浆)原强度≥0.60MPa,耐水强度≥0.40MPa;拉伸粘结强度(与膨胀聚苯板)原强度≥0.10MPa,破坏界面在膨胀聚苯板上,耐水强度≥0.10MPa,破坏界面在膨胀聚苯板上。

⑦ 抗裂砂浆的粘结强度依据胶粘剂拉伸试验方法及计算方法,进行与聚苯板的拉伸粘结强度试验。试验要求原强度≥0.10MPa,破坏界面在膨胀聚苯板上,耐水强度≥0.10MPa,破坏界面在膨胀聚苯板上。

8.10　保温材料燃烧性能

1. 依据标准及检测仪器

《建筑材料可燃性试验方法》GB/T 8626—2007;

《建筑材料及制品燃烧性能分级》GB 8624—2012;

《塑料用氧指数法测定燃烧行为第 2 部分:室温试验》GB/T 2406.2—2009;

《塑料用氧指数法测定燃烧行为第 1 部分:导则》GB/T 2406.1—2008。

检测仪器:JCKR 建筑材料可燃性试验箱、YZS 氧指数测试仪。

2. 可燃性试验方法

(1) 试样制备

使用规定的模板在代表制品的试验样品上切取试样。试样尺寸为(249～250mm)×(89～90mm)。名义厚度不超过 60mm 的试样应按其实际厚度进行试验,名义厚度大于

60mm 的试样,应从其背火面将厚度削减至 60mm,按 60mm 厚度进行试验。若需要采用这种方式削减试样尺寸,该切削面不应作为受火面。对于通常生产尺寸小于试样尺寸的制品,应制作适当的尺寸的样品专门用于试验。对于非平整制品,试样可按其最终应用条件进行试验(如隔热导管),应提供完整制品或长 250mm 的试样。对于每种点火方式,至少应测试 6 块具有代表性的制品试样,并应分别在样品的纵向和横向上切取 3 块试样。若试验用的制品厚度不对称,在实际应用中两表面均可能受火,则应对试样的两个表面分别进行试验。若制品的几个表面区域明显不同,但每个表面区域均符合 50mm×250mm 的代表区域表面上,至少应有 50%的表面与受火面最高点所处平面垂直距离不超过 6mm 或对于有缝隙、裂纹或孔洞的宽度不应超过 6.5mm 且深度不应超过 10mm,其表面积也不应超过受火面 250mm×250mm 代表区域的 30%,则应再附加一组试验来评估该制品。

(2)状态调节

将试件在(23±2)℃,相对湿度 44%～56%的条件下至少放置 14h,或调节至间隔 48h,前后两次称量的质量变化率不大于 0.1%。

(3)试验步骤

① 首先将仪器及其备件取出后,将仪器平稳的放在工作台上。连接气管,连接控制箱及燃烧箱之间的连线,接通电源,调节空气流速为(0.7±0.1)m/s,打开燃烧箱门,将试样置于试样夹中,这样试样的两个边缘和上端边缘被试样夹封闭,受火端距离试样夹底端 30mm。将燃烧器角度调整至 45°角,使用定位器来确认燃烧器与试样的距离。在试样下方的铝箔收集盘内放两张滤纸,这一操作应在试验前的 3min 内完成。

② 打开控制箱电源按钮,按下燃气停供按钮(试验停止按钮处于弹起状态打开燃气),调节风速(调好后不必每次都调),调节气缸出口压力约为 0.5MPa,调节控制箱压力约为 0.2MPa,调节燃气流量,点燃本生灯,使之火焰为(20±1)mm,应在原理燃烧器的预设位置上进行该操作,以避免试样意外着火。在每次对试样点火前应测量火焰高度。关闭燃烧箱门。

③ 将燃烧器水平向前推进,直至火焰抵达预设的试样接触点。并按下计时开始按钮,燃烧器对试件施加火焰 15s 或 30s(可根据要求设定),计时器开始自动计时,施火焰结束后,燃烧器退回。

④ 按下计时结束键,记录从试件点火开始至火焰到达刻度或试件表面燃烧火焰熄灭的时间(如果点火时间为 15s,总试验时间是 20s;如果点火时间为 30s,总试验时间是 60s),记录后弹起计时结束键,按计时复位键计时清零,并重复做 6 个试样。

⑤ 试验完成后,关闭电源及燃烧源。

(4)点火方式的选择

试样可能需要采用表面点火方式或边缘点火方式,或这两种点火方式都要采用。

① 表面点火:对所有的基本平整制品,火焰应施加在试样的中心线位置,底部边缘上方 40mm 处,应分别对实际应用中可能受火的每种不同表面进行试验。

② 边缘点火:对于总厚度不超过 3mm 的单层或多层的基本平整的制品,火焰应施加在试样底面中心位置。对于总厚度大于 3mm 的单层或多层的基本平整的制品,火焰应施加在试样底边中心且距受火表面 1.5mm 的底面位置处。

(5)试验结果表述对于每块试样记录以下现象

① 试样是否被引燃。

② 火焰尖端是否到达距点火点 150mm 处,并记录该现象发生时间。

③ 是否发生滤纸被引燃。

④ 观察试样的物理行为。

试验前务必接通燃气检查设备燃气是否漏气。如紧急结束,则按下试验停止,如回复则弹起该键。

3. 氧指数试验方法

(1) 试样的制备

依据试样类型选择合适的夹具,模塑或切割符合尺寸规定要求的试样。试样类型及用途见下页表 8-12。

(2) 试样数量

每组试样至少 15 条。对Ⅰ、Ⅱ、Ⅲ、Ⅳ型试样,标线划在距点燃端 50mm 处,对Ⅴ型试样,标线划在框架上或划在距点燃端 20mm 和 100mm 处。

(3) 状态调节与试验环境

状态调节按 GB/T 2918—1998 中有关规定进行。试验环境应在环境温度为 10～35℃,相对湿度 45%～75%。如有特殊要求,在产品标准中规定。

首先将仪器及其备件取出后,将仪器平稳地放在工作台上,并将燃烧筒放在通风橱中,以防止环境污染。

将氧气和氮气气源放在合适位置,注意安全。安装上钢瓶减压阀,并用聚氨酯软管(或氧气带)分别将氧气瓶减压阀、氮气瓶减压阀的输出管接头和仪器背面相应的输入气管连接好,防止漏气。

将本仪器外壳可靠接地(接地电阻≤10Ω)。将电源插头插入 220V/15A 交流电压的插座,打开电源开关按钮,电源指示灯亮,控制回路的电,表明可以进入下一个工作程序。

表 8-12　试样类型及用途

类　型	型　式	长		宽		厚		用　　途
		基本尺寸	极限偏差	基本尺寸	极限偏差	基本尺寸	极限偏差	
自撑材料	Ⅰ	80～150	—	10		4	±0.25	用于模塑材料
	Ⅱ			10		10	±0.5	用于泡沫材料
	Ⅲ				0.5	<10.5	—	原厚的片材
	Ⅳ	70～150		6.5		3	±0.25	电器用模塑料或片材
非自撑材料	Ⅴ	140	−5	52		≤10.5	—	软片或薄膜

(4) 点燃试样方法

① 顶端点燃法。

使火焰的最低可见部分接触试样顶端并覆盖整个顶表面,勿使火焰碰到试样的棱边和侧表面。在确认试样顶端全部着火后,立即移去点火器开始计时或观察试样烧掉的长度。

点燃试样时,火焰作用时间最长为 30s,若在 30s 内不能点燃,则应增大氧浓度,继续点燃,直至 30s 内点燃为止。

② 扩散点燃法。

充分降低和移动点火器,使火焰可见部分施加于试样顶表面,同时施加于垂直侧表面约 6mm 长。点燃试样时,火焰作用试件最长为 30s,每隔 5s 左右稍移开点火器观察试样,直至垂直侧表面稳定燃烧或可见燃烧部分的前锋到达上标线处,立即移去点火器,开始计时或观察试样燃烧长度。

若 30s 内不能点燃试样,则增大氧浓度,再次点燃,直至 30s 内点燃为止。

(5) 首先初步估算氧、氮气的流量

依据试样类型选择合适的夹具,分别对一组材料进行测量并记录。

依据标准规定,燃烧筒内混合气体的流速为 40mm/s,根据公式

$$q = \rho \cdot A \tag{8.15}$$

q——混合气体流量;

ρ——混合气体的流速;

A——燃烧筒横截面积;

计算出气体的总流量为 10L/min,

其中,氧气流量×10＝O_2(氧指数值)。

(6) 根据经验或试样在空气中点燃的情况,估计开始试验时的氧浓度

如在空气中迅速燃烧,则开始试验时的氧浓度为 18% 左右;在空气中缓慢燃烧或时断时续,则 21% 左右;在空气中离开点火源即灭,则至少为 25%。

(7) 实验步骤

① 按下电源开关,数显表有数字显示,然手把"标定-测量"选择开关旋至"标定"处,将氧气和氮气管路中的减压阀和流量计关闭,回路中没有氧、氮混合气体流过。用吹气球对标定入口吹气,待数显表示数稳定后,调节满度电位器,使数显表示数为 21.0(新鲜空气中氧气的体积百分比为 20.95%),最后将选择开关旋至"测量"位置。

② 开启氧、氮钢瓶阀门,调节低压阀,使压力为 0.2～0.3MPa(<0.5MPa),调节压力调节的减压阀(氧气和氮气)使室面板上的两块压力表示数为 0.15MPa。然后调节流量,得到所需要的氧、氮流量。

③ 将试样夹在相应的夹具上,垂直地安装在燃烧筒的中心位置上。点燃点火器,调节火焰高度约为 20mm 左右,点燃试样,按计时秒表开始计时,当试样燃烧至 3min 时,停止计时。并注意观察试样燃烧时间和燃烧长度。

④ 提高或降低氧的浓度,重复上述操作,需测得试样燃烧时间恰好为 3min 或试样燃烧 50mm 长熄灭时氧的百分比浓度。

(8) 氧指数的计算

$$O_I = \Psi_F + Kd \tag{8.16}$$

O_I——氧指数(%);

Ψ_F——最后一个氧浓度,取一位小数(%);

d——使用和控制的两个氧浓度之差,即步长,取 1 位小数;

K——差表所得的系数。

报告 O_I 时取 1 位小数,不能修约,为了计算标准偏差应计算到 2 位小数。

8.11 饰面砖粘结强度检测

1. 检测标准

《建筑工程饰面砖粘结强度检验标准》JGJ 110—2008。

2. 检验基本规定

检验批预置墙板：复验应以每1000m² 同类带饰面砖的预置墙板为一个检验批，不足1000m² 应按1000m² 计，每批应取1组，每组应为3块，每块板应制取1个试样对饰面砖粘结强度进行检验。

现场检验：现场粘贴饰面砖粘结强度检验应以1000m² 同类墙体饰面砖为一个检验批，不足1000m² 应按1000m² 计，每批应取1组3个试样，每相邻的3个楼层应至少取1组试样，试样应随机抽取，取样间距不得小于500mm。

3. 检验时间

采用水泥基胶粘剂粘贴外墙饰面砖时，可按胶黏剂使用说明书的规定时间或在粘贴外墙饰面砖14d 及以后进行饰面砖粘结强度检验。粘贴后28d 以内达不到标准或有争议时，应以28～60d 内约定时间检验的粘结强度为准。

4. 检验仪器

多功能拉拔仪、钢直尺、标准块（95×45 适用于除陶瓷锦砖以外的饰面砖，试样40×40 适用于陶瓷锦砖试样）、手持切割锯、胶粘剂（粘结强度宜大于3.0Mpa）/胶带。

5. 检验方法

断缝应符合下列要求：断缝应以饰面砖表面切割至混凝土墙体或砌体表面，深度应一致。对有加强处理措施的加气混凝土、轻质砌块、轻质墙板和外墙外保温系统上粘贴的外墙饰面砖，在加强处理措施或保温系统符合国家有关标准的要求，并有隐蔽工程验收合格证明的前提下，可切割至加强抹面层表面。

试样切割长度和宽度宜与标准块相同，其中有两道相邻切割线应沿饰面砖边缝切割。

6. 标准块粘结应符合的要求

在粘结标准块前，应清除饰面砖表面污渍并保持干燥。当现场温度低于5℃时，标准块宜预热后再进行粘贴。

胶黏剂应按使用说明书规定的配比使用，应搅拌均匀、随用随配、涂布均匀，胶黏剂硬化前不得受水浸。

在饰面砖上粘结标准块胶黏剂不应粘连相邻饰面砖。

标准块粘贴后应及时用胶带固定。

7. 粘结强度检测仪的安装和测试程序应符合的要求

检测前在标准块上应安装拉力杆。

安装千斤顶,使拉力杆通过穿心千斤顶中心并与标准块垂直。

调整千斤顶活塞时,应使活塞升出 2mm 左右,并将数字显示器调零,再拧紧拉力杆螺母。

检测饰面砖粘结力时,匀速摇转手柄升压,直至饰面砖试样断开,并记录数字显示器峰值,该值即是粘结力值。

检测后降压至千斤顶复位,取下拉力杆螺母及拉杆。

试样断面面积取断缝所包围的区域承受法向拉力实际断开面面积,试样断面边长取试样断开面每对切割边的中部长度,测量精确到 1mm,切割边的中部长度值一般接近两端和中部 3 个测量值的平均值。

按受力断开的性质确定断开状态,当检测结果为胶黏剂与饰面砖的界面断开或饰面砖为主断开时,且粘结强度不小于标准平均值且断裂符合要求时,检测结果取断开时的检测值,能表明该试样粘结强度符合标准要求,如果粘结强度小于标准平均值要求时,才应分析原因,采取对光滑饰面砖试样表面切浅道增强胶黏剂粘结措施,并重新选点检测当基体以外的各层粘结强度很高时出现基体断开是正常断开是正常现象,除非断缝时切坏了基体表层且粘结强度小于标准平均值要求时需要重新选点检测外基体断开时的检测值也作为粘结强度时否合格的结果。

8. 粘结强度的计算与评定

$$R_i = \frac{X_i}{S_i} \times 10^3 \tag{8.17}$$

$R_i = $ 第 i 个试样粘结强度(MPa),精确到 0.1MPa;

$X_i = $ 第 i 个试样粘结力(kN),精确到 0.01kN;

$S_i = $ 第 i 个试样断面面积(mm²),精确到 1mm。

每组试样平均粘结强度应按下式计算:

$$R_m = \frac{1}{3} \sum_{i=1}^{3} R_i$$

R_m ——每组试样平均粘结强度(MPa)精确到 0.1MPa。

现场粘贴的同类饰面砖,当 1 组试样均符合下列 2 项指标要求时,其粘结强度应定为合格;当 1 组试样均不符合下列 2 项指标要求时,其粘结强度应定为不合格。当 1 组试样只符合下列 2 项指标要求时,应在该组试样原取样区域内重新抽取 2 组试样检验,若检验结果仍有 1 项不符合下列指标要求时,则该组饰面砖粘结强度应定为不合格:

① 每组试样平均粘结强度不应小于 0.4MPa;

② 每组可有 1 个试样的粘结强度小于 0.4MPa,但不应小于 0.3MPa。

带饰面砖的预置墙板,当一组试样均符合下列 2 项指标要求时,其粘结强度应定为合格;当 1 组试样均不符合下列 2 项指标要求时,其粘结强度应定为不合格。当一组试样只符合下列两项指标中某一项要求时,应在该组试样原取样区域内重新抽取 2 组试样检验,若检验结果仍有 1 项不符合下列指标要求时,则该组饰面砖粘结强度应定为不合格:

① 每组试样平均粘结强度不应小于 0.6MPa;

② 每组可有 1 个试样的粘结强度小于 0.6MPa,但不应小于 0.4MPa。

9. 注意事项

① 检测时应正确佩戴安全帽,需高空作业时应系好安全带注意安全。

② 数字压力表属碱度仪器,使用中应注意防震防湿,连接电缆与插头间不要用力拉动。

③ 当数值压力表显示不全/不清时应及时充电。

8.12 保温层粘结强度检测

1. 检测目的

保温板与基层及各构造层之间的粘结或连接必须牢固。粘结强度和连接方式应符合设计要求。

2. 依据标准

《建筑工程饰面砖粘结强度检验标准》JGJ 110—2008;

《建筑节能工程施工质量验收规范》GB 50411—2007;

《外墙外保温工程技术规程》JGJ 144—2004。

3. 检测仪器

功能拉拔仪、钢直尺、标准块(95×45 适用于除陶瓷锦砖以外的饰面砖试样,40×40 适用于陶瓷锦砖试样)、手持切割锯、胶黏剂(粘结强度宜大于 3.0MPa)、胶带。

4. 检测方法

以 EPS 板外墙外保温系统为例,检测基体与胶粘剂的拉伸粘结强度。

① 基体表面应清洁。

② 在每种类型的基层墙体表面上取五处有代表性部位分别涂胶粘剂面积为 3~4dm²,厚度为 5~8mm,干燥后应按上章规定进行试验。断缝应从胶粘剂或界面砂浆表面切割至基层表面。

③ 基层与胶粘剂的拉伸粘结强度不应低于 0.3MPa,并且粘结界面脱开的面积不应大于 50%。保温层与胶粘剂的拉伸粘结强度,在对粘结好的 EPS 板表面上取清洁无油污的 3 处部位粘结标准块,干燥后应按上章规定进行试验,断缝应从 EPS 表面切割至基层表面。

④ EPS 板胶粘剂的拉伸粘结强度不应低于设计要求,并且破坏界面要求在 EPS 板上。

⑤ 抹面层与保温层的拉伸粘结强度,在抹面层上选择清洁无油污的 3 处部位粘结标准块,干燥后应按上章规定进行试验,断缝应从抹面层表面切割至基层表面。

⑥ 抹面层与保温层的拉伸粘结强度不应低于设计要求,并且不破坏界面要求在 EPS 板上。

5. 注意事项

① 检测时应正确佩戴安全帽,需高空作业时应系好安全带注意安全。

② 数字压力表属精密仪器,使用中应注意防震防湿,连接电缆与插头间不要用力拉动。

③ 当数值压力表显示不全、不清楚应及时充电。

8.13　锚固件检测

1. 适用范围

适用于外墙外保温系统机械固定的锚栓,预埋金属固定件等。

2. 依据标准

《膨胀聚苯板薄抹灰外墙外保温系统》JG 149—2003;
《建筑节能工程施工质量验收规范》GB 50411—2007;
《外墙外保温工程技术规程》JGJ 144—2004。

3. 检验仪器

SW—MJ5 型铆钉、隔热材料粘结强度检测仪。

4. 检验方法

根据实际检测项目安装连接头:检测铆钉拉拔力在万向节螺母上拧上铆钉拉拔头:
该铆钉拉拔头有三种规格,$\phi 3$、$\phi 5$、$\phi 8$,铆钉规格从 $\phi 3 \sim \phi 8$ 均可检测。
逆时针转动手柄,使丝杠下降到合适的位置,再按住机体用力提起手柄以消除内力。
转动手柄调节连接头位置,并与铆钉连接。
按开关键仪表显示 00.000,按向上箭头键,在液晶显示器的右上角出现"＊"表示在峰值保持状态,最大拉力值可随时保持。
顺时针转动手柄,使丝杠带动连接头上移,对铆钉施加向上拉力直至拔出。
记录液晶屏显示的数值和破坏状态。

5. 数据处理与判定

对破坏荷载值进行数理统计分析,假设其为正态分布,并计算标准偏差。根据试验数据按照公式计算锚栓抗拉承载力标准值 $F_{5\%}$。

$$F_{5\%} = F_{平均} \times (1 - k_s \times v) \tag{8.18}$$

$F_{5\%}$ ——单个锚栓抗拉承载力标准值(kN);

$F_{平均}$ ——试验数据平均值(kN);

k_s ——系数,$n=5$(试验个数)时,$k_s=3.4$;$n=10$ 时,$k_s=2.568$;$n=15$ 时,$k_s=2.329$;

v ——变异系数(试验数据标准偏差与算术平均值的绝对值之比)。

附表：

节能材料和构件抽样数量、样品技术要求

分项工程	材料种类	抽样规则	材料名称	检验依据	检验项目	样品数量及规格	备注
墙体节能工程	保温隔热材料	同一厂家的同一种种品种材料，当单位工程建筑面积在2000m²以下时，各抽查不少于1组；当单位工程建筑面积在2000m²以上、20000m²以下时，各抽查不少于3组；当单位工程建筑面积在20000m²以上时，各抽查不少于6组。当外墙采用保温浆料时，每个检验批（采用相同材料、工艺和施工做法的墙面，每500~1000m²的墙面，面积划分为一个检验批，不足500m²也为一个检验批）制作同条件养护试件3组	绝热用模塑聚苯乙烯泡沫塑料、膨胀聚苯板，EPS板	GB/T 10801.1—2002 JG 149—2002 JGJ 144—2004	表观密度	每组3个试样。试样尺寸为(100±1)mm×(100±1)mm×(50±1)mm	强检
					压缩强度	每组5个试样。试样尺寸为(100±1)mm×(100±1)mm×(50±1)mm	强检
					导热系数	每组3个试样。试样尺寸300mm×300mm，厚度≤37.5mm	强检
					氧指数	每组30个试样。试样要求陈化28d，试样尺寸(150±1)mm×(12.5±1)mm×(12.5±1)mm	备检
					燃烧分级（B2级）	边缘未加保护的材料，一组5个试件，试样尺寸为90mm×190mm，边缘加以保护的材料还需增加一组5个尺寸为90mm×230mm的试件。两种尺寸的试件如原尺寸取原厚度，厚度>80mm的试样制作成厚度80mm	备检
			绝热用挤塑聚苯乙烯泡沫塑料、挤塑板	GB/T 10801.2—2002	压缩强度	每组5个试样。试样尺寸为(100.0±1.0)mm×(100.0±1.0)mm×原厚，对于厚度大于100mm的制品，试样的长度和宽度应小于制品厚度	强检
					导热系数	每组3块试样。试样尺寸300mm×300mm，厚度≤37.5mm	强检
					燃烧分级（B2级）	边缘未加保护的材料，一组5个试件，试样尺寸为90mm×190mm，边缘加以保护的材料还需增加一组5个尺寸为90mm×230mm的试件。两种尺寸的试件如原尺寸取原厚度，厚度>80mm的试样制作成厚度80mm	备检

续表

分项工程	材料种类	抽样规则	材料名称	检验依据	检验项目	样品数量及规格	备注
墙体节能工程	保温隔热材料	同一厂家的同一种品种材料,当单位工程建筑面积在2000m²以下时,各抽查不少于1组;当单位工程建筑面积在2000m²以上,20000m²以下时,各抽查不少于3组;当单位工程建筑面积在20000m²以上时,各抽查不少于6组。采用保温浆料的检验批(采用相同材料、工艺和施工做法的墙面,每500~1000m²面积划分为一个检验批,不足500m²也为一个检验批)也作同条件养护试件3组	建筑保温砂浆	GB/T 20473—2006	干密度	每组6个试件。试件尺寸为70.7mm×70.7mm×70.7mm	强检
					抗压强度		强检
					导热系数	每组3个试样。试样尺寸为300mm×300mm×30mm	强检
			聚苯颗粒	JG 158—2004	堆积密度	连续取样或从20个以上不同堆放部位的包装袋中取等量样品并混合均匀后,取4L干粉料。需提供成型配比	备检
					压剪粘结强度		备检
					堆积密度	从任10袋样品中分别取试样不少于500g,混合均匀,按四分法缩取4L试样	备检
					干表观密度	每组3个试样。试样尺寸为300mm×300mm×30mm	强检
					导热系数		强检
					抗压强度	每组5个试样。试样尺寸为100mm×100mm×100mm	强检
			胶粉聚苯颗粒保温浆料、胶粉EPS保温砂浆	JG 158—2004 JGJ 144—2004	湿表观密度	从任10袋样品中分别取试样不少于500g,混合均匀,按四分法缩取3kg胶粉料和3L聚苯颗粒。需提供成型配比	备检
					压剪粘结强度		备检
					胶粉料拉伸粘结强度	从任10袋样品中分别取试样不少于500g,混合均匀,按四分法缩取4kg	备检
					胶粉料浸水拉伸粘结强度		备检
					粘结强度		备检
			建筑绝热用硬质聚氨酯泡沫塑料	GB/T 21558—2008	芯密度	每组5个试样。试样尺寸为(100±1)mm×(50±1)mm	强检
					压缩强度	每组5个试样。试样尺寸为(100±1)mm×(100±1)mm	强检
					初期导热系数	每组3个试样。试样尺寸为300mm×300mm×30mm,试样要求在大气中陈化应大于28d,每个试样尺寸为300mm×300mm×30mm	强检
					长期热阻	每组3个试样。试样要求在室温中陈化应大于28d,尺寸为300mm×300mm×30mm	备检

续表

分项工程	材料种类	抽样规则	材料名称	检验依据	检验项目	样品数量及规格	备注
墙体节能工程	保温隔热材料	同一厂家的同一种材料，当单位工程建筑面积在2000m²以下时，各抽查不少于1组；当单位工程建筑面积在2000m²以上、20000m²以下时，各抽查不少于3组；当单位工程建筑面积在20000m²以上时，各抽查不少于6组。采用保温浆料时每个检验批（采用相同材料，工艺和施工做法的墙面，每500～1000m²面积划分为一个检验批，不足500m²也为一个检验批）制作同条件养护试件3组	泡沫玻璃绝热制品	JC/T 647—2005	体积密度	每组3个试样。试件最小尺寸不得小于200mm×200mm×25mm	强检
					抗压强度	每组5个试样。从制品的任一对角线方向距两对角边缘5mm处及中心位置各切取一块试样，共制成5个受压面约100mm×100mm，厚度为约40mm的试样	强检
			建筑绝热用玻璃棉制品	GB/T 17795—2008	导热系数	每组3个试样。试样尺寸为300mm×300mm，厚度为20～25mm	强检
					密度	每组取3个试样。试样的长、宽不得小于100mm，厚度为制品厚度，同时试样应去除外覆层	强检
			建筑用岩棉、矿渣棉绝热制品	GB/T 19686—2005	导热系数和热阻	每组3个试样。试样尺寸为300mm×300mm，厚度为≤37.5mm	强检
					密度	每组取3个试样。以整个制品作为试样	强检
					热阻	每组取3个试样。试样尺寸为300mm×300mm，厚度≤37.5mm。若两块产品面积大小无法进行切割才可在密度最接近的两块产品上切取。邻近区域切取，品面应在同一块产品	强检
	匀质材料（构造）砌块（砖）、复合砌筑墙	同一厂家的同一种材料，当单位工程建筑面积在2000m²以下时，各抽查不少于1组；当单位工程建筑面积在2000m²以上、20000m²以下时，各抽查不少于3组；当单位工程建筑面积在20000m²以上时，各抽查不少于6组	墙体或板材	GB/T 13475—2008	传热系数或热阻	每组取1个试样。试样尺寸1600mm×1600mm，厚度大于20mm。试件为墙体时，备材料按施工中心或检验室设计的工序，厚度以及材料配比在本中心检验室进行墙体的砌筑。试件为预制墙体或板材时，按试件尺寸进行切割	强检
	非匀质材料（构造）砌块（砖）	同一厂家的同一品种，当单位工程建筑面积在20000m²以下时各抽查不少于1组；当单位工程建筑面积在20000m²以上时各抽查2组	墙体	GB/T 13475—2008	传热系数或热阻	每组取1个试样。试样尺寸1600mm×1600mm，厚度大于20mm。试件为墙体时，备材料按施工中心或检验室设计的工序，厚度以及材料配比在本中心检验室进行墙体的砌筑。试件为预制墙体时，按试件尺寸进行切割	强检

续表

分项工程	材料种类	抽样规则	材料名称	检验依据	检验项目	样品数量及规格	备注
墙体节能工程	粘结材料	同一厂家的同一种材料，当单位工程建筑面积在 2000m² 以下时，各抽查不少于 1 组；当单位工程建筑面积在 2000m² 以上，20000m² 以下时，各抽查不少于 3 组；当单位工程建筑面积在 20000m² 以上时，各抽查不少于 6 组。当外墙采用保温浆料时，每个检验批，同材料、工艺和施工做法的墙面，每 500m²～1000m² 面积划分为一个检验批，不足 500m² 也为一个检验批。每个检验批的墙面采用相同材料、工艺和施工做法制作同条件养护试件 3 组	胶粘剂	JC/T 992—2006 JG 149—2003 JGJ 144—2004	与聚苯板的拉伸粘结强度(原强度)	用适当的取样器从多个样品容器中抽取约等量的样品，并混合均匀，缩取 4kg 干粉料或浆料	强检；JC/T992、JG149 备检；JGJ144 强检
					与聚苯板的拉伸粘结强度(耐水强度)		JC/T992 备检；JG149、JGJ144 强检。
					与水泥砂浆的拉伸粘结强度(原强度)		JC/T992、JG149、JGJ144 强检
					与水泥砂浆的拉伸粘结强度(耐水强度)		JC/T992、JG149 备检；JGJ144 强检
			抹面胶浆、抹面材料	JC/T 993—2006 JG 149—2003 JGJ 144—2004	拉伸粘结强度(原强度)	用适当的取样器从多个样品容器中抽取约等量的样品，并混合均匀，缩取 4kg 干粉料或浆料	强检
					拉伸粘结强度(耐水)		备检
			界面砂浆	JG 158—2004	压剪粘结强度	从任 10 袋样品中分别取样 500g，混合均匀，按四分法缩取 4kg	强检
			抗裂砂浆、面砖勾缝料、室内用腻子	JG 158—2004 JG/T 298—2010	拉伸粘结强度(浸水)	从任 10 袋样品中分别取样 500g，混合均匀，按四分法缩取 4kg	备检
			柔性耐水腻子、外墙用腻子	JG 158—2004	粘结强度	从任 10 袋样品中分别取样 500g，混合均匀，按四分法缩取 4kg	备检
			面砖粘结砂浆	JG 158—2004	拉伸粘结强度	从任 10 袋样品中分别取样 500g，混合均匀，按四分法缩取 4kg	强检
					压剪粘结强度		备检

续表

分项工程	材料种类	抽样规则	材料名称	检验依据	检验项目	样品数量及规格	备注
墙体节能工程	增强网	同一厂家的同一种材料,当单位工程建筑面积在2000m²以下时,各抽查不少于1组;当单位工程建筑面积在2000m²以上,20000m²以下时,各抽查不少于3组;当单位工程建筑面积在20000m²以上时,各抽查不少于6组	镀锌电焊网	QB/T 3897—1999 JG 158—2004	焊点抗拉力	每组取2m²。取样时去除最外层至少1m	强检
					镀锌层质量		强检
					锌层硫酸铜		备检
			耐碱网布	JC/T 841—2007 JG 158—2004 JG 149—2003	断裂强力	每组取4m²。取样时去除最外层至少1m	强检
					断裂伸长率		
					断裂强力保留率		强检
	浅色饰面材料	同一厂家的同一品种材料,当单位工程建筑面积在2000m²以下时,各抽查不少于1组;当单位工程建筑面积在2000m²以上,20000m²以下时,各抽查不少于3组;当单位工程建筑面积在20000m²以上时,各抽查不少于6组	浅色饰面材料	参照 GB/T 2680—1994 JGJ/T 151—2008	太阳隔射吸收系数	每组取3块试样,每块试样尺寸为100mm×100mm	强检
	遮阳材料	同一厂家的同一种材料,当单位工程建筑面积在2000m²以下时,各抽查不少于1组;当单位工程建筑面积在2000m²以上,20000m²以下时,各抽查不少于3组;当单位工程建筑面积在20000m²以上时,各抽查不少于6组	遮阳材料	参照 GB/T 2680—1994 JGJ/T 151—2008	太阳光透射比	每组取3块试样,每块试样尺寸为100mm×100mm。同时应在每块试样上标明使用时的向阳面	强检
					太阳光反射比		强检

续表

分项工程	材料种类	材料名称	抽样规则	检验依据	检验项目	样品数量及规格	备注
幕墙节能工程	保温材料	同墙体节能工程的各种保温隔热材料	同一生产厂家的同一种产品抽查不少于1组		密度	按墙体节能工程的各保温隔热材料	强检
					导热系数		强检
					氧指数		备检
					燃烧分级（B2级）		备检
	幕墙玻璃	玻璃	同一生产厂家的同一种产品抽查不少于1组。中空玻璃同一生产厂家的同一种产品抽查不少于3组	GB/T 2680—1994 JGJ/T 151—2008	可见光透射比	每组取3块试样。单片玻璃每块试样尺寸100mm×100mm，中空玻璃试样可增大。同时应在每块试样上标明使用时的室外侧	强检
					遮阳系数		强检
				JGJ/T 151—2008	传热系数		强检
				GB/T 11944—2012	中空玻璃露点	每组取3块试样。试样要求与制品同一工艺条件下制作，尺寸为510mm×360mm	强检
	隔热型材	铝合金隔热型材	同一生产厂家的同一种产品抽查不少于1组	GB 5237.6—2012	抗拉强度（横向抗拉特征值）	每组取2根型材。每根试样中部和两端共切取10个试样（10个试样至少有3个中部试样，并作标识。每根试样尺寸为100mm×1mm，其中用于拉伸试验的长度允许缩减至18mm	强检
					抗剪强度（纵向抗剪特征值）		强检
	遮阳材料	遮阳材料	同一生产厂家的同一种产品抽查不少于1组	参照 GB/T 2680—1994 JGJ/T 151—2008	太阳光透射比	每组取3块试样。每块试样尺寸100mm×100mm。同时应在每块试样上标明使用时的阴面向阳面	强检
					太阳光反射比		强检
门窗节能工程	建筑外窗	建筑外窗	同一厂家同一类型的产品各抽查1樘	GB/T 8484—2008	传热系数	每组1个试件。窗的最大尺寸小于2000mm×2000mm	备检
	建筑外窗	建筑外窗	同一厂家同一类型的产品各抽查3樘	GB/T 706—2008	气密性	规格1.50m×1.50m以内	强检
						规格2.10m×2.10m以内	强检
						规格3.00m×3.00m以内	强检
	玻璃	玻璃	同一厂家同一类型的产品各抽查3樘（件）	GB/T 2680—1994 JGJ/T 151—2008	可见光透射比	各樘取1块试样，共取3块试样。单片玻璃每块试样尺寸100mm×100mm；中空玻璃试样每增大。同时应在每块试样上标明使用时的室外侧	强检
					遮阳系数		强检
				JGJ/T 151—2008	传热系数		备检

续表

分项工程	材料种类	抽样规则	材料名称	检验依据	检验项目	样品数量及规格	备注
门窗节能工程	建筑外窗	同一厂家同一品种同一类型的产品各抽查不少于3组	玻璃	GB/T 11944—2012	中空玻璃露点	每组取3块试样。试样要求与制品同一工艺条件下制作,尺寸为510mm×360mm	备检
	遮阳材料	同一厂家同一品种同一类型的产品各抽查不少于3樘(件)	遮阳材料	参照 GB/T 2680—1994 JGJ/T 151—2008	太阳光透射比	各樘取1块试样,共取3块试样。试样尺寸100mm×100mm。同时应在每块试样上标明使用时的向阳面	强检
					太阳光反射比		强检
							强检
	保温材料	同一生产厂家的同一种产品抽查不少于1组	同墙体节能工程的各保温隔热材料	同墙体节能工程的各保温隔热材料	密度	按墙体节能工程的各保温隔热材料的具体要求取样	强检
					抗压强度或压缩强度		强检
					导热系数		强检
					氧指数		有机材料强检
					燃烧分级(B2级)		有机材料强检
屋顶节能工程	采光屋面玻璃	同一生产厂家的同一种产品抽查不少于1组	玻璃	GB/T 2680—1994	可见光透射比	每组取3块试样。单片玻璃每块试样尺寸100mm×100mm;中空玻璃试样可增大。同时应在每块试样上标明使用时的室外侧	强检
				JGJ/T 151—2008	遮阳系数		强检
				JGJ/T 151—2008	传热系数		强检
				GB/T 11944—2012	中空玻璃露点		强检
	遮阳材料	同一生产厂家的同一种产品抽查不少于1组	遮阳材料	参照 GB/T 2680—1994 JGJ/T 151—2008	太阳光透射比	每组取3块试样。每块试样尺寸100mm×100mm。同时应在每块试样上标明使用时的向阳面	强检
					太阳光反射比		强检
	浅色饰面材料	同一生产厂家的同一种产品抽查不少于1组	浅色饰面材料	参照 GB/T 2680—1994 JGJ/T 151—2008	太阳辐射吸收系数	每组取3块试样,每块试样尺寸100mm×100mm	强检

续表

分项工程	材料种类	抽样规则	材料名称	检验依据	检验项目	样品数量及规格	备注
配电与照明节能工程	电线电缆	同厂家各种规格总数的 10%，且不少于 2 个规格	电线电缆	GB/T 3956—2008 JB 8734.1~5—2012 JB 8735.1~3—2011 GB/T 5013.2—2008 GB/T 5023.2—2008 GB 50411—2007	截面积	每规格取 10m。取样时应离端部至少 1m	强检
					每芯电阻值		强检

建筑节能工程实体检测抽样技术要求

分项工程	现场检测项目	抽样规则	检验依据	检测参数	样品数量及规格	备注
墙体节能工程	保温板材与基层的粘结强度现场拉拔试验	每500～1000m²划分为一个检验批，不足500m²也应划分为一个检验批	1.《建筑工程饰面砖粘结强度检验标准》JGJ 110—2008 2.《外墙外保温工程技术规程》JGJ 114—2003 3.《建筑节能工程施工质量验收规范》GB 50411—2007	粘结强度	每组共9点，试样尺寸为100mm×100mm	强检
	保温层的预埋或后置锚固件锚固力现场拉拔试验，遮阳或绿化构造构架的锚固件锚固力现场拉拔试验	(1)施工质量有疑问的后锚固件；(2)设计方法认为重要的后锚固件；(3)局部基材有异常的后锚固件。除上述规定外·受检的后锚固件宜均匀分布	《混凝土后锚固件抗拔和抗剪性能检测技术规程》	抗拔性能	(1)机械锚栓：对于单个锚栓，应按1%的比例进行抽样检测；当锚栓类型、规格型号、施工工艺、设计要求和基体强度等级不同时，每个变化参数的抽样不宜小于3个样本；对于整体抽样检测，宜将单个锚板及所用锚栓作为1个样本进行整体抽样检测，当锚固数量为单一锚栓相同，抽样比例不少于2%，且每个变化参数的抽样检测数量不宜少于6个样本。(2)粘结型锚栓、植筋和植筋固胶粘剂类型，钢筋或螺杆、钢筋的基体强度等级为一级时，对于锚固连接节点，每个变化参数的抽样检测数量不宜小于3个样本；对于锚固型锚筋和用作梁柱连接纵向或一级的植筋，应按1%比例进行抽样检测；当植筋、施工工艺、设计要求和基体强度等级不同时，每个变化参数的抽样检测不宜小于2%，且每个变化参数的抽样检测数量不宜小于6个样本。	强检
	外墙外保温系统节能构造钻芯检验	(1)取样部位应由监理（建设）与施工双方共同确定，不得在外墙施工前预先确定；(2)取样部位应选取有代表性的外墙上相对隐蔽的部位，并宜兼顾不同朝向和楼层；取样部位必须确保钻芯操作安全，且应方便操作。	《建筑节能工程施工质量验收规范》GB 50411—2007	芯样外观；保温材料种类；保温层厚度；围护结构分层做法	外墙取样数量为每个单位工程每种节能保温做法至少取3个芯样。取样部位宜均匀分布，不宜集中在同一房间外墙上取2个或2个以上芯样。	备检

注："强检"是指必须要检测的项目；"备检"是指建设单位根据实际需要自由选样检测的项目。